史學研究叢書・歷史文化叢刊

唐末五代十國時期的城市攻防戰

關棨勻　著

目次

自序

傳統以來，人們對唐末五代十國的印象大抵離不開「戰亂」和「動盪」等描述。這種概括雖然沒有背離史實，卻似乎有失諸空泛之嫌。而對於當時戰爭的具體情況，恐怕絕大部分人的認知一般不會超出通俗文學或戲劇作品的範圍。不過，隨著二十世紀以來王賡武、日野開三郎等學者的開拓性研究，加上近年來國內外學界對此日趨重視，唐末五代十國史所得到的關注度可謂與日俱增，五代十國史研究在學界裡似乎頗有蔚然成風之勢。

這本小書在目前學界已有的研究基礎上，就攻守器具、城防設施、戰術、戰役等層面勾勒唐末五代十國時期城市攻防戰的歷史發展，不僅希望能拋磚引玉，讓更多人參與中國中古戰爭史的研究，更期望趁著近年來學界這股新興的研究熱潮，從戰爭史的角度提出新的看法，為這段歷史時期揭開更多的歷史面向。

關棨匀

北京師範大學史學研究中心博士後、助理研究員

緒論

一　選題緣起與相關概念

唐末五代時期，是中國繼漢末三國以及隋末唐初時期以後再度陷入全國性混戰的歷史時期。自龐勛和王仙芝、黃巢等人先後舉兵，全國不同地區都先後被無情的戰火洗禮。儘管他們的起義沒有成功，卻足以衝擊自元和時期唐代統治者好不容易才重新建立的統治秩序，引發了盤踞各地的藩鎮軍閥的互相攻伐。西元九〇七年，唐朝最終被降唐黃巢舊將朱溫所篡，宣告滅亡，而後者在華北地區建立國家政權，史稱後梁，定都汴州（今河南省開封市），開啟了五代十國時代，至西元九七九年，中國才一定程度上恢復統一穩定的局面。

毫無疑問，戰爭就是這個歷史上的紛亂時期的頭等大事，儘管如此，戰爭史多年來未必是學界裡備受關注的領域，更何況是唐末五代的戰爭。長期以來，真正長期關注唐末和五代十國歷史的絕大多數是專業的歷史學者。他們主要關心的是，在西元八世紀後期至九世紀初之間有些導致唐帝國逐步瓦解的政治及社會因素，以及由五代十國時期的割據格局至北宋初年消滅各地割據政權的過程中，在政治制度及社會、經濟等方面出現了哪些有利於北宋統一的因素，戰爭未必是他們首要關心的議題。儘管學者開始意識到唐末五代十國是理解唐、宋間歷史演進中相當關鍵的歷史階段，但這方面的基礎研究依然比較有限。而對大部分非專業的普通讀者來說，他們或多或少地通過《三國志》等正史材料或《三國演義》等通俗小說認識中國中古時期的戰爭，但對唐末五代十國歷史的認知，可能僅限於知道歷史上曾出現一位篡奪唐朝、並且在後世背負千年罵名的朱溫，或者通過以十三太保為題材的民間戲曲或者影視戲劇，認識北方中原地區在歷史上曾經出現了李克用這位軍閥及其一眾義兒，但對當時戰爭的印象就流於「混戰」等空泛的描述。

實際上，唐末和五代十國時期的城市攻防戰顯然是一個有趣的研究對象。

首先，就概念本身而言，城市攻防戰的內涵值得進一步專門探討。所謂城市攻防戰，或者所謂攻城戰、圍城戰、城防戰或要塞戰，一般指守城方借助城牆進行防禦，而攻城方運用強攻或圍困的手段與守城方作戰的一種戰爭方式。在中國上古時期，人們已經對攻城技術有相當的認識。例如人們經常引用《詩經》中的「以爾鉤援，與爾臨衝，以伐崇墉」[1]，以說明古人對攻城手段有相當具體的瞭解。

城市攻防戰並不僅是一種戰爭方式。按照現代軍事學的概念，戰略包括從下層的軍事武器技術、戰術、戰役至上層的大戰略等不同層次。而這些不同戰略層次之間互相制約，環環相扣[2]，這意味著城市攻防戰是在特定戰略環境下的產物，並不是一種隨便選擇的戰爭方式，其流行與否亦影響當時軍隊對戰術與武器的選擇。具體而言，西方軍事學把城市攻防戰（即西文siege warfare）視為一專門軍事名詞，專門指以強攻、圍困或者兩者結合的戰爭方式，是一個與突襲戰、野戰等不同意義的戰爭方式。就唐末五代時期而言，其內涵包括：

---

1 毛亨傳，鄭玄箋，孔穎達等疏《毛詩正義》卷一六之四〈大雅・皇矣〉，阮元校刻《十三經注疏》（北京市：中華書局，1980年），頁522上。

2 愛德華・魯特瓦克（Edward Luttwak）著，軍事科學院外國軍事研究部譯：《戰略——戰爭與和平的邏輯》（北京市：解放軍出版社，1990年），頁181-186；曾瑞龍：《經略幽燕：宋遼戰爭軍事災難的戰略分析》（香港：中文大學出版社，2003年），頁xxi-xxiii。

一、城市攻防戰是一種以步兵為主的消耗戰。現時中國學界對於城市攻防戰缺乏清晰的概念。有的學者甚至把誘敵出城進行作戰的戰術也納入攻守城戰術的範圍[3]。其實，城市攻防戰的核心內容，攻守雙方是圍繞城牆展開作戰。守城方借助城牆結構與攻城方周旋，而攻城方需要以弓弩等射遠武器和各種攻城器具，意味著步兵是作戰部隊的核心力量，騎兵的騎射技術並不完全適用，這與突襲和野戰等戰爭方式大異其趣。而且，守城方依託堅固的城牆展開防禦，不少由圍攻、救援等多次戰鬥組成。即使缺乏救援或者救援失敗，守城方借助城牆的庇護與攻城方展開拉鋸，作戰時間增長，一場戰役的糧食與武器等軍需物資的消耗變得浩大。一場城市攻防戰往往變成成敗繫於前線補給效率的持久消耗戰。古人對攻城與野戰的差異其實有清晰的概念。比如孫子就認為，「修櫓轒轀，具器械，三月而後成，距闉，又三月而後已。將不勝其忿而蟻附之，殺士卒三分之一而城不拔者，此攻之災也」[4]，表明他們對於城市攻防戰所需要的技術和消耗特質相當深刻的理解。

二、城市不僅是攻守的對象，也往往是經濟、政治、文化的中心，人口居住之所在，控扼附近的交通管道。所謂城，一般指人們定居的聚落，往往是地方上兼具行政、經濟、文化功能的區域中心。而在唐代，除了長安以及洛陽、太原等建有宮的都城外，城市一般指地方州縣城市[5]。不可忽略的還有可視為設防城市要塞的軍鎮。軍鎮最初設置在緣邊地區，在安史之亂以後廣泛設置於藩鎮境內各地，是准

---

3 金玉國：《中國戰術史》（北京市：解放軍出版社，2003年），頁174。

4 李零譯注：《孫子譯注》第一〈謀攻篇〉（北京市：中華書局，2009年），頁26。

5 宿白：《隋唐城址類型初探（提綱）》（收入《紀念北京大學考古專業三十周年論文集》，北京市：文物出版社，1990年）根據城市內坊的數目以及佈局，分為京城、都城、大型州城、一般州城和縣城一共五個級別（頁279-285）。

縣級的行政機構。除了作為鎮兵治所的軍鎮大多築有城堡外，軍鎮以外的其他軍事據點也設置寨、柵、戍等簡單防禦工事。攻守雙方就城市要塞展開攻防，表明當時政府或者割據軍閥勢力重視城市的價值。

第二，無論在戰爭模式還是城市建設，唐末至五代十國時期都出現了一些顯著的新變化。唐前期的戰爭，特別是唐軍與突厥、契丹等帶有明顯遊牧色彩部族的戰爭，其關鍵性戰役往往以運動戰為主。陳寅恪先生早年就指出唐前期唐軍在歐亞大陸取勝的關鍵，在於利用蕃族的部落組織以及其騎射技術，認為「騎馬至技術由胡人發明。其在軍隊中有偵測敵情及衝陷敵陣兩種最大作用。實兼今日飛機、坦克二者之效力，不僅騎兵運動迅速靈便，遠勝於步卒也。」[6]爾後，學者對此作進一步闡發，指出唐軍善用誘敵、和迂迴突襲等運動戰術，是唐軍在唐前期戰爭中取勝的關鍵[7]。無疑，騎兵作戰是瞭解唐前期戰爭模式的關鍵所在。但是，八世紀以後呈現出不一樣的景象。隨著唐朝確立軍鎮制度後，唐軍與吐蕃在西北的爭持牽涉不少規模龐大的城攻戰。安史之亂以後，除了最為人所熟知的張巡死守睢陽的戰役外，其他諸如建中四年朱泚圍攻德宗於奉天、李希烈攻寧陵之役，都反映八世紀中後期隨著內部長期出現嚴重的軍事鬥爭，內地城市攻防戰盛行，藩鎮在戰略上除了州縣軍鎮外，也注重修築寨柵等工事，不少城市攻防戰也涉及對寨柵的爭奪[8]。

---

6 陳寅恪：〈論唐代之蕃將與府兵〉，收入《金明館叢稿初編》（北京市：生活・讀書・新知三聯書店，2001年），頁301-302。

7 詳見汪籛：〈唐初之騎兵——唐室之掃蕩北方群雄與精騎之運用〉，唐長孺主編：《汪籛隋唐史論稿》（北京市：中國社會科學出版社，1981年），頁226-260；李樹桐：〈唐代之軍事與馬〉，收入《唐史研究》（臺北市：臺灣商務印書館，1979年），頁231-276。王援朝：〈唐初甲騎具裝衰落與輕騎兵興起之原因〉，《歷史研究》第4期（1996年）；同氏著：〈唐代兵法形成新探〉，《中國史研究》1996年第4期。

8 王壽南：《唐代藩鎮與中央關係之研究》（臺北市：嘉新水泥公司文化基金會，1969年），頁151-152。

九世紀中後期，隨著龐勛與黃巢先後起義，在河南、江淮地區，特別是圍繞臨近運河與主要水道的城市，城市攻防戰變得非常頻繁。這些作戰大多關係到政權本身的生存問題，其在戰爭中的重要性也大大提高。況且，相關文獻記載相當豐富，為研究中古時期城市攻防戰提供大量涉及戰術、武器、作戰後勤等重要細節。易言之，不論是城市攻防戰的頻繁程度，還是戰爭經過的具體細節，唐後期和五代十國時期城市攻防戰在戰爭中的作用和相關文獻記載的仔細程度，都是唐中前期所無法比擬的。

與此同時，中晚唐及五代十國時期中國境內城市出現了新的發展變化。

唐五代時期城市數量增加，經濟特性明顯。學者指出，七世紀中後期後，縣的設置逐步增加，縣城亦隨之增長。九世紀以後，在不少位處水陸交通幹道沿線和經濟發達的州縣治所城外的周邊鄉村聚落，出現所謂「草市」的新興市場[9]。而且，隨著州縣城市本身商業與手工業日益發達、經濟性格逐步變得顯著，政府在當地設置稅場，對茶、鹽、酒等徵收間接稅，表明政府重視城市的商業稅收利益[10]。在華北地區，城址的遷移以及重要性的改變也突顯商業與水路交通的重要性。例如隋唐以前絳州城址位於黃土高原的高崖上，隋唐以後遷移至汾河岸邊，使城市的交通運輸更為便捷[11]。又如控扼孟津的河陽城，安史之亂期間，李光弼與史思明曾經爭奪河陽三城，後來更設置

---

9 日野開三郎：〈唐代堰埭草市の発達〉，《東方学》第33輯（1967年），頁44-53；張澤咸：《唐代工商業》（北京市：中國社會科學出版社，1995年），頁237-242。

10 凍國棟：《唐代的商品經濟與經營管理》（武漢市：武漢大學出版社，1990年），頁15-21；葛劍雄主編，凍國棟著：《中國人口史》第二卷《隋唐五代時期》（上海市：復旦大學出版社，2002年），頁507-508。

11 李孝聰：〈唐代城市的形態與地域結構——以坊市制的演變為線索〉，李孝聰主編：《唐代的地域結構與運作空間》，上海市：上海辭書出版社，2003年；收入氏著：《中國城市的歷史空間》（北京市：北京大學出版社，2015年），頁85-86。

藩鎮重兵駐守。但五代以後，隨著水路交通幹線東移至太行山以東的華北平原和江淮平原，河陽三城以及孟津在五代十國時期不再是軍閥之間爭奪的目標[12]。

此外，晚唐至五代十國時期，中國各地均不同程度地出現大規模修築或擴建城牆的現象。在唐末時期以前，不少內地城市一直沿用魏晉南北朝時期遺留下來的城牆，或根本缺乏城牆包圍[13]。但隨著中唐以後經濟活動之活躍，加速了坊市制度的崩潰[14]。唐末至五代期間，由於戰亂、人口、經濟發展等因素，各地大量出現修築城牆和擴建城牆的現象[15]。以唐末魏州城為例，經過魏博藩帥的擴建，魏州城牆東南拓展的部分緊臨著衛河，總體呈現不規則的形態，除了出於軍事防禦的原因外，也與永濟渠交通便捷的優點有密切關係[16]。在南方地區，類似的情況似乎也適用於唐末五代時期的荊州城[17]。

因此，本書以唐末五代十國時期城市攻防戰爭為主題和討論的切入點，旨在從戰爭方面揭示當時戰爭和城市發展的歷史面向，而非意在鉅細靡遺地對唐末五代十國時期發生所有戰爭技術和策略進行褒貶。

---

12 宋杰：《中國古代戰爭的地理樞紐》（北京市：中國社會科學出版社，2009年），頁447。

13 成一農：〈中國古代地方城市築城簡史〉，收入氏著：《古代城市形態研究方法新探》（北京市：社會科學文獻出版社，2009年），頁176-180；魯西奇、馬劍：〈城牆內的城市？──中國古代治所城市形態的再認識〉，《中國社會經濟史研究》2009年第2期，頁9-10。

14 李孝聰：《唐代城市的形態與地域結構──以坊市制的演變為線索》，頁89-99。

15 愛宕元：〈唐末五代期における城郭の大規模化〉，收入氏著：《唐代地域社会史研究》（京都市：同朋舍，1997年），頁441-443。馬劍：〈何以為城：唐宋時期川渝地區築城活動與城牆形態考察〉，《西南大學學報》（2010年第6期）注意到西南地區的築城活動，可以與唐代中後期吐蕃與南詔的軍事活動以及唐末時期軍閥割據的形勢對應。

16 李孝聰：《唐代城市的形態與地域結構──以坊市制的演變為線索》，頁100-102。

17 張躍飛：〈唐五代時期的江陵城〉，《南都學壇》2010年第2期，頁45-47。

二 學術史回顧

學者歷來對唐五代時期的軍事史研究，其焦點相當大部分集中於唐代中前期，唐末五代十國時期較少。由於本書主題是唐代晚期及五代十國時期的城市攻防戰，本節將對現存關於唐中後期至五代十國時期涉及戰役層面的軍事史研究，包括兵員、武器、作戰補給等研究扼要概括，並指出其優點與限制。

（一）有關唐代中後期及五代兵制與戰爭模式關係的研究

唐代中後期及五代十國時期參加城市攻防戰的主體兵員大多是職業僱傭兵。對於八世紀以後唐代健兒的產生，唐長孺、黃永年先生等前輩學者主張，高宗以後士兵的募傭化，緣於唐軍需要顧及多線作戰，產生對從邊疆迅速調動兵員的需求[18]。孟彥弘認為以往學術界有關兩線作戰等說法只是表現形式，其核心問題是突厥與吐蕃等周邊民族與唐朝關係的矛盾，注定了府兵制度長遠無法有效地發揮軍隊的主要職能，導致唐政府以更長服役時間的健兒制度取代府兵制[19]。不過，戰爭變得漫長的原因，更可能在於戰爭性質發生了變化：七世紀中前期，唐軍利用野戰以達到速戰速決的效果，而七世紀晚期至八世紀中葉，唐軍的戰爭變成了集中於沿邊地區的一連串城市攻防戰。儘

---

18 唐長孺：〈唐代軍事制度之演變〉，《山居存稿續編》（北京市：中華書局，2011年），頁329-352；黃永年：〈對府兵制所以敗壞的再認識〉，原載《中國典籍與文化論叢》第4輯，北京市：中華書局，1997年。後收入《黃永年文史論文集》第一冊（北京市：中華書局，2015年），頁258-274。

19 孟彥弘：〈唐前期的兵制與邊防〉，榮新江主編：《唐研究》第一卷（北京市：北京大學出版社，1995年），頁245-276。美國學者葛德威（David A. Graff）提出與孟彥弘類近的說法，詳見氏著*Medieval Chinese Warfare, 300-900* (London and New York: Routledge, 2002), pp. 205-213.

管唐中後期戰爭頻仍，但學術界的焦點還是在藩鎮制度本身。比如張國剛就注意到並非所有藩鎮都屬於割據型，中原型藩鎮具有制約河朔藩鎮的戰略作用[20]。王效鋒通過對於安史之亂以後的內戰進行統計，揭示唐代中期的討藩戰役集中於肅、代時期的河北、河南地區，德宗以後呈下降趨勢；唐吐蕃戰役以關中、西南地區為主。他認為唐代藩鎮戰爭的根源在於募兵制與節度使制度的結合[21]。

五代十國時期的中央軍隊是由唐末藩鎮的軍隊演化而成，也是五代十國時期參加城市攻防戰的作戰主力。有些研究者確實留意到唐末五代軍閥與君主的親衛部隊在戰爭中的作用。王育民注意到唐代藩鎮牙兵與五代牙兵之間的差異，指出兩者雖然同樣是職業兵，追求物質賞賜，厭惡遠戍，但唐後期藩鎮的牙兵主要是保衛藩帥，守護牙城，而五代十國時期往往是戰爭中的作戰核心[22]。杜文玉詳細梳理五代十國的六軍、侍衛親軍和殿前軍等中央軍的沿革發展，明確指出這些君主的親從部隊戰鬥力強，經常參與實戰，與唐朝禁軍久疏戰陣的情況可謂截然不同，例如朱溫在後梁立國後設置的六軍，是由他在唐末宣武軍的基礎上改編，並且在與河東沙陀爭霸的戰爭一度成為作戰主力，當中不少戰役都涉及城市攻防戰。杜氏又注意到河東李存勗的軍隊在征服華北河朔三鎮後，大量吸收原來河北三鎮的軍隊，大大改善以往擅長野戰，但拙於城市攻防戰的缺陷[23]。

---

20 張國剛：《唐代藩鎮研究（增訂版）》（北京市：中國人民大學出版社，2010年），頁42-59。

21 王效鋒：《唐代中期戰爭問題研究》，陝西師範大學博士學位論文，2012年。

22 王育民：〈論唐末五代的牙兵〉，《北京師院學報》1987年第2期，頁54-60。

23 杜文玉：《五代十國制度研究》（北京市：人民出版社，2006年），頁372-430。

(二) 唐代中後期及五代時期城牆、兵種、武器戰術、戰役的研究

目前主流的戰爭史研究，基本涵蓋當時大部分的戰爭，但無論是通史性戰爭著作[24]，還是針對一些關鍵性戰役的述評，似乎都過度聚焦於對某一戰役的得失或戰術選擇等層面的分析[25]。這些戰役分析，明顯沿襲《通鑑》等正史材料對個別戰役得失的傳統分析。王效鋒對建中時期奉天之圍的探討，衡量了雙方兵力、兵員構成、領導層決策等因素，試圖擺脫正史書寫對戰役分析的制約[26]。

近年部分中國學者的研究嘗試結合西方軍事學中戰略層次的概念，重新對唐五代時期涉及城市的戰役進行分析。曾瑞龍嘗試從戰略層次互動概念考察五代及北宋戰爭的戰略互動，認為五代各政權的版圖狹小，經濟基礎薄弱，地理上缺乏縱深，再加上職業軍人的向背波動等因素，使當時奇襲戰術大行其道[27]。而在他的指導下，梁偉基撰

---

24 杜文玉、于汝波：《唐代軍事史》下冊，《中國軍事通史》第十卷，北京市：中國軍事科學出版社，1998年；方積六：《五代十國軍事史》，《中國軍事通史》第十一卷，北京市：軍事科學出版社，1998年。

25 王永興：《唐代後期軍事史略論稿》（北京市：北京大學出版社，2006年）對唐後期的戰爭，包括元和時期唐軍討伐淮西、會昌時期唐軍討伐昭義軍和唐末時期裘甫、龐勛、黃巢起義等唐代中後期的戰爭都有論述；李裕民：〈李光弼太原保衛戰〉（《城市研究》1994年第2期，頁59-61）及〈梁晉太原之戰〉（《城市研究》1994年第3期，頁58-59）分別對李光弼和李克用、李存勗的軍隊堅守太原的戰役過程以及戰果對戰局的影響進行分析。華立克（Benjamin E. Wallacker）的"Studies in medieval Chinese siegecraft: the siege of Fengtian, AD 783," (*Warfare in China to 1600*, ed. Peter Lorge (England: Ashgate, 2005), pp. 329-337)、宋石青：〈梁晉爭奪潞州的夾寨之戰〉（《晉東南師專學報》1999年第1期，頁48-50）及李明：〈後周與南唐淮南之戰述評〉（《江西社會科學》2001年第4期，頁56-59）分別就奉天之圍和後周圍攻南唐壽州作簡單論述。

26 王效鋒：〈唐德宗「奉天保衛戰」述論〉，《乾陵文化研究》，2010年，頁180-185。

27 曾瑞龍：《經略幽燕：宋遼戰爭軍事災難的戰略分析》，頁116-121。

寫關於唐軍與安史叛軍的戰略互動的碩士論文，指出唐軍一方面採取以城池為核心的消耗戰，另一方面引入回紇騎兵以抗衡叛軍騎兵[28]。伍伯常考察唐憲宗時期的蔡州突襲戰和後唐軍隊突襲大梁戰役，著眼於突襲在唐後期及五代時期對戰略層面的影響[29]。胡耀飛考察唐末唐軍與黃巢的長安爭奪戰，對雙方的兵力分佈、兵力構成、糧食控制等層面都有頗為深入的剖析，並且認為黃巢成功以長安為中心，在關中建立三層防禦網[30]。

也有些學者注意到唐後期與五代十國時期是城市攻防戰越趨頻繁的時代。美國學者彼得森（Charles A. Peterson）通過考察唐軍征服淮西吳元濟之戰，指出吳元濟在蔡州周邊建立了以軍鎮堡寨為基礎的防禦網，並注意到圍繞州縣城市展開的城市攻防戰在唐後期愈加頻密[31]。嚴耕望指出五代時期大量城市攻防戰鬥圍繞德勝、楊劉、和馬家口等黃河渡口據點多次發生激戰[32]。金玉國認為五代十國時期攻城戰術創新，守城戰術則沉悶乏味，缺乏新意，並注意到圍困戰術在當時一度

28 梁偉基：《平定安史之亂：唐與燕（755-763 A.D.）在政治與軍事領域的戰略互動》，香港中文大學碩士學位論文，2002年。

29 伍伯常：〈中國戰爭史上的閃擊奇襲——以唐憲宗朝蔡州之戰為例〉，《九州學林》第6卷第3期，2008年，頁28-51；同氏著：〈論五代後梁末年的大梁之役〉，《九州學林》第28期，2011年，頁65-80。

30 胡耀飛：〈黃齊政權立都長安時期的攻防戰研究（881-883）〉，李忠良、耿占軍主編：《長安歷史文化研究》第9輯（西安市：陝西人民出版社，2016年），頁155-178。

31 Charles A. Peterson,"Regional Defense Against the Central Power: The Huai-hsi Campaign, 815-817," in *Chinese Ways in Warfare*, ed., Frank A. Kierman, Jr. and John K. Fairbank (Cambridge, Mass.: Harvard University Press, 1974, pp.123-150.

32 嚴耕望：《唐代交通圖考》第五卷《河東河北區》，篇四六〈河陽以東黃河流程與津渡〉（臺北市：歷史語言研究所，1986年），頁1566-1587。臺灣三軍大學主編：《中國歷代戰爭史》第十冊（北京市：中信出版社，2013年，頁166）甚至批評梁晉兩軍過度集中於黃河渡口上的要塞「死打硬拚」，毫無遠略，缺乏像心理和外交等非軍事手段的運用。

頗為盛行[33]。近年有學者借鑑西方軍事史的理論，剖析唐末五代時期的城市攻防戰。趙雨樂就五代初年後梁朱溫與河東李克用、李存勗爭奪潞州的城市攻防戰進行考察，以為隨著五代統治者的親軍部隊日益龐大，縱深突破能力增強，以防禦工事作圍城緩攻的戰術漸趨式微[34]。胡耀飛對於五代時期楊吳政權征服譚全播的虔州之圍的兵力部署、圍攻策略以及戰後處理都有所剖析[35]。總體來說，這些研究表明唐後期與五代時期城市攻防戰成為不可忽視的戰爭模式。

關於涉及唐五代時期武器技戰術與城郭的研究。早在民國時期，周緯《中國兵器史稿》已經梳理不同格鬥武器形制的沿革，並認為宋代的守城武器脫胎自漢唐遺制[36]。二十世紀八〇至九〇年代期間，《中國軍事史》編寫組就出版了一系列涉及中國軍事史的著作，當中〈兵器〉與〈兵壘〉就詳細介紹古代城池和城市攻防戰的武器和器具[37]。西方學者李約瑟、葉山所撰寫的《中國科學技術史》對先秦至明代中國古代築城與城市攻防戰的武器與攻守器具作詳細的介紹[38]。此後，

---

33 金玉國：《中國戰術史》，頁173-179、186-191。

34 趙雨樂：〈梁唐戰略文化典範：潞州之圍的剖析〉，《從宮廷到戰場：中國中古與近世諸考察》（香港：中華書局，2007年），頁207-229；同氏著：〈唐末五代的城池戰爭：論黃巢到朱全忠的戰略得失〉，麥勁生主編：《中國史上的著名戰役》（香港：天地圖書公司，2012年），頁90-115。

35 胡耀飛：〈唐末五代虔州軍政史——割據政權邊州研究的個案考察〉，杜文玉主編：《唐史論叢》第20輯（西安市：三秦出版社，2015年），頁181-185。

36 今據周緯：《中國兵器史稿》（天津市：百花文藝出版社，2006年），頁142-154。

37 參見中國軍事史編寫組編：《中國歷代軍事裝備》（北京市：解放軍出版社，2007年），頁69-197；中國軍事史編寫組編：《中國歷代軍事工程》（北京市：解放軍出版社，2005年），頁174-121。

38 Joseph Needham and Robin D. S. Yates,*Science and Civilization in China*, vol. 5: *Chemistry and Chemical Technology*, part 6: *Military Technology: Missiles and Sieges*. Cambridge: Cambridge University Press, 1994.中譯本見李約瑟、葉山著，鍾少異等譯《中國科學技術史》第五卷《化學及相關技術》第六分冊《軍事技術：拋射武器和攻守城技術》（北京市：科學出版社，2002年），頁76-379。

中國學者也出版了一些涉及城市攻防戰武器裝備的專著。王兆春和鍾少異等學者都對中古時期武器及城防設施作綜合性研究[39]。也有研究者關注個別攻城器具種類的性能。例如吉辰對唐代拋石機的形制和性能作考察[40]。但這些研究大多把隋唐五代視為一個整體的時段，很少注意到即使在唐五代之間不同時期，武器或攻守器具的用法也可以呈現出相當的差異，亦很少把武器與戰術放在戰爭模式的框架中分析。

另外，相當一部分涉及武器與城池的研究出自於考古文物學家。在武器方面，有學者利用出土器物，對歷代弓、弩等形制作細緻的考辨，並由此對其用途、功能、效能等方面作比較清晰的梳理。孫機認為杜佑《通典》對床弩的記敘相當精到，並認為床弩的使用在宋代得到較大的發展[41]。楊泓則指出唐以後用於攻守城的車弩有所發展，而一般的弩卻呈現逐漸衰落[42]。同時，隨著不同地區的考古發現，考古學家對於唐宋城址城址位置、城牆的建造材料、城防設施形制等方面都有更深入的瞭解。近年來，學者都在不同程度上對羊馬城、甕城等形制與發展趨勢做出相當仔細的分析。例如李并成結合考古與實地考察，指出河西地區瓜州、建康城等州、軍鎮城邑以及烽燧等都有羊馬城遺跡[43]。孫華認為唐朝使羊馬城開始廣泛使用的時期，是在北方形成以後在唐末五代流傳到南方地區[44]。

關於唐後期兵種層面的研究，比如寧可、閻守誠等學者認為唐末

39 王兆春：《中國科學技術史・軍事技術卷》（北京市：科學出版社，1998年），頁76-86；鍾少異：《中國古代軍事工程技術史（上古至五代）》（太原市：山西教育出版社，2008年），頁501-548。

40 吉辰：〈隋唐時期的拋石機：形制、性能、實戰與傳播〉，杜文玉主編：《唐史論叢》第22輯（西安市：三秦出版社，2016年），頁163-177。

41 孫機：〈床弩考略〉，《文物》1985年第5期。

42 楊泓：《中國古兵器論叢（增訂本）》（北京市：文物出版社，1985年），頁230-231。

43 李并成：〈古代城防設施——羊馬城考〉，《考古與文物》2002年第4期。

44 孫華：〈羊馬城與一字城〉，《考古與文物》2011年第1期。

沙陀人，藉著其強大的騎兵，在平定黃巢的戰役中發揮了騎兵的運動性能，從而崛起成為一支實力強大的割據軍隊[45]。李則芬、方積六、鄭學檬等學者認定了野戰是五代戰爭中最為突出的戰爭方式，騎兵在當中發揮了關鍵作用[46]。不過，正如其他主要兵種，騎兵也不可能適用於任何戰爭方式。即使在唐中前期也不純粹依靠騎兵作戰，例如斯加夫（Jonathan Skaff）提出唐朝在高宗以後逐步採取一種以城堡作為遲滯敵方進攻，配合唐朝騎兵支援和決戰的防禦策略，類似西方的縱深防禦[47]。實際上，近年來有中國學者亦對武器與戰略之間的聯繫作更深入的分析。比如陳樂保就意識到弩在五代北宋時期戰場上日益重要，認為宋代以步制騎的戰術，大抵源於五代軍隊積累了不少使用弩的實戰經驗[48]。

總的來說，以往涉及唐五代軍事史的研究，或多或少觸及城市攻防戰的歷史，只不過學界對此沒有正式展開討論，在敘述武器、戰術、城牆等問題時未有關聯到城市攻防戰這個概念，或者只著眼於幾場關鍵性戰役，未有注意戰爭模式的長時間趨勢的變化。而這些問題，恰好是本書所要嘗試探討的。

45 參見寧可、閻守誠：〈唐末五代的山西〉，《晉陽學刊》1984年第5期；賈豔紅：〈略論沙陀騎兵在鎮壓黃巢起義中的作用〉，《濟南大學學報》2001年第4期。

46 李則芬：《中外戰爭全史》第三冊（臺北市：黎明文化事業公司，1985年），頁478-505；方積六：《五代十國軍事史》，頁82-116；鄭學檬：《五代十國史研究》（上海市：上海人民出版社，1991年），頁67-71。

47 詳見Jonathan Karam Skaff, "Straddling Steppe and Sown: Tang China's Relations with the Nomads of Inner Asia (640-756)," (Ph. D diss., The University of Michigan, 1998), pp. 218-242.

48 陳樂保：〈試論弩在唐宋間的軍事地位變遷〉，《史學月刊》2013年第9期。

三　研究方法與章節安排

本書的研究對象為唐末及五代十國時期的城市攻防戰，但在論述過程中也會涉及一些其他戰爭方式。雖然本書的研究範圍針對安史之亂爆發以後至五代十國時期，但考慮到論述的需要，仍然會涉及部分唐末以前及北宋初年的戰例。

本書主要利用新舊《唐書》、兩《五代史》、《資治通鑑》等官修史籍和類書，務求蒐集當時的大部分戰例，並以《冊府元龜》、《文苑英華》等北宋時期編纂的類書加以補正上述官修史籍內容的缺漏。本書亦注重對筆記小說等文獻材料的利用，它們為本書提供不少唐末五代十國時期戰爭的側面描述，以補充正史難以反映的實況。另外，近年來考古出土研究也是一個不可忽視的資料來源，為本書提供了涉及一些與唐五代時期築城活動的有用信息。

本書結合宏觀與微觀分析，既需要呈現唐末五代十國時期城市攻防戰模式的特點，也會考察當時的攻防技術以及城牆城防設施的特色，並透過個案考察，分析當時的攻防特點，透視不同割據軍事力量多大程度上適應當時的戰爭模式。本書章節安排如下：

第一章主要依據傳世文獻和出土金石材料，對唐中後期至五代十國時期的城市攻防戰作一個粗略的統計，就參戰軍隊、作戰對象、戰術特色、攻取目標等因素作概括，以突顯不同階段戰爭模式特點的變化。總體來看，中原軍隊重視對主要城市的的攻奪。他們越依託城市展開攻防戰鬥，對攻防術的掌握程度比較高。

第二章著重對唐中後期至五代十國時期的城牆軍事防禦功能的考察。內地城市自安史之亂以後再度成為內地軍事衝突中的爭奪目標，在戰爭的推動下，各地不得不重視城牆的防禦，特別是在唐末五代時期，各地均出現大規模的築城、重修、拓展城牆的活動、而從文獻反映，包括羊馬城、夾城、護城河等城防設施，在戰爭中的防禦作用日益突出。

第三章主要討論唐末五代十國時期內地城池攻守術的發展。由於越來越多地方城市修築城牆和設置各種城防設施，軍隊需要掌握各種攻防手段，重視相關的技術人員。從弩戰術的逐步成熟，以及地道戰術等間接手段的發達，表明內地的城防術日趨成熟，呈現出攻城作戰難度越來越大的趨向。

第四章主要以楊吳征譚全播虔州之戰和後漢討三鎮河中之圍兩場在五代十國時期具代表性的戰例作為切入點，討論五代十國時期城市攻防戰的特徵。透過探討兩場戰役從備戰至結束的過程，試圖觀察爆發的背景，攻守雙方對戰略、戰術、外交等手段的運用，以透視唐末五代十國城市攻防戰的各種面貌，包括戰爭與城市交通的關係、工程技術和策略的應用，以及戰爭中人力和資本的投入。

第五章主要以北方河東李克用、李存勗軍事集團為觀察對象，透過考察其在不同時期城市攻防戰的表現，揭示原來具有騎兵傳統的河東李氏，在與以朱溫為首的宣武開封軍閥集團經年交戰，適應逐城據守的戰爭模式，對後梁軍隊的戰爭模式亦步亦趨，最終能擊滅後梁，成功在華北中原地區建立後唐政權。

第一章
唐末五代城市攻防戰特點概況

經過隋末的混亂狀態，唐朝完成統一戰爭，並在面臨東西突厥及吐蕃的軍事壓力下，利用軍事手段建立帝國，並且抵受安史之亂的衝擊，進行了不斷的內部調整和轉型，適應了與藩鎮共存的基本格局達一百多年[1]。然而，隨著裘甫、龐勛、王仙芝和黃巢的先後起義，唐帝國終於走向瓦解，最終為五代十國所取代。究竟從九世紀後期唐帝國逐步瓦解至五代十國形成的一百多年裡，城市攻防戰呈現什麼特點？當時的各方勢力又採取了什麼相應策略？本章將依據傳世文獻和少量金石材料，通過對唐末至五代十國時期城市攻防戰的統計，分析城市攻防戰的爆發地點、作戰對象、作戰手段等發展趨勢，以呈現出戰爭模式的變遷。

必須申明的是，本書所臚列的城市攻防戰（附錄一、二），僅供作本章勾勒趨勢之用，並非用於精確統計，其基礎乃來自於文獻材料裡以「攻」、「圍」或其他有明確細節記載的城市攻防戰。同時，本書採取較為保守的統計原則，只收錄有明確攻城描述，或者有攻克結果以及死傷記錄的戰例，並不包括對守備空虛的城市發動突襲及誘敵出城進行野戰。如果攻擊方在沒有戰鬥的情況下便佔領城市，便不應被視作城市攻防戰。比如晉軍征服劉守光燕政權的軍事行動期間，抵達涿州，守城的刺史姜行敢一開始還「登陴固守」，但在晉軍的勸降下

1　陸揚：《清流文化與唐帝國》，北京市：北京大學出版社，2016年。

「即開門迎降。」[2]雙方並未發生激烈的攻防戰鬥，故不被錄入城市攻防戰統計內。又例如廣順二年（西元952年）四月，南唐軍隊在桂州城下被伏兵山谷及城中守軍出兵夾擊挫敗[3]，由於作戰雙方主力均在城外作戰，也因此不視作城市攻防戰。

至於時空範圍，本書以大中十四年至後周顯德六年（西元959年）為時間斷限。而據《長編》載，宋太祖趙匡胤是在後周顯德七年正月篡位自立[4]。由於本書將五代十國結束時間定於後周顯德六年，所有在顯德六年後發生的戰鬥，即包括北宋與十國的戰鬥，將不會包括在本文的計算中。本書所統計的城市攻防戰，只限於在當時中國境內地區發生。而所謂中國境內，當以李吉甫《元和郡縣圖志》所列明的州縣為準。按《元和郡縣圖志》的劃分，唐朝把中國境內分為十道，即：關內、河南、河東、河北、山南、淮南、江南、劍南、嶺南及隴右[5]。換言之，所有在這十道以外發生的戰鬥不在本書統計範圍內。

一　唐末時期的城市攻防戰特點

唐末時期，中國無論是政治還是軍事方面都經歷了頗為深刻的變化。裘甫和龐勛之亂的意義，除了打破自憲宗朝平定吳元濟、李師道叛亂後所造就將近二十年相對平穩的局面外，似乎亦預兆著江淮地區成為此後中國境內的一大戰場。而唐末北方河東與河南宣武政權的先

---

2 薛居正等撰：《舊五代史》卷一三三〈世襲二・高從誨傳〉（北京市：中華書局，2015年），頁2042。

3 司馬光著，胡三省音注：《資治通鑑》卷二九〇（北京市：中華書局，1956年），頁9477。

4 李燾：《續資治通鑑長編》（以下簡稱《長編》）卷一，北京市：中華書局，1979年。

5 參見李吉甫撰，賀次君點校：《元和郡縣圖志》，北京市：中華書局，1983年。

後崛起，打破原有河朔三鎮為主的局面，催生出此後的五代政權。本節將會就自懿宗即位之初爆發裘甫之亂至唐朝滅亡為止共約接近五十年之間的城市攻防戰，就其地理分佈、參戰方的組成特點、攻取目標和戰術特點等特徵做一個概括，以考察這些變動因素對於戰爭模式所帶來的影響。

表面看來，唐末時期在內地發生的城市攻防戰的密集似乎又回到安史之亂以後各地藩鎮割據的局面，特別是這大約六十年間一共發生不少於二六五場城市攻防戰鬥，絕大部分都發生於內地，讓人有一種重演安史之亂局面的錯覺。但無論從軍閥勢力的分佈、參戰藩鎮軍閥的成分以及城市攻防戰的地點等特點來說，都與肅、代、德、憲四朝藩鎮戰爭以及隋末唐初戰爭中的城市攻防戰有頗大的差異。

首先，參與唐末混戰的不少地方勢力都來自河南以及江淮地區。正如陳寅恪先生等學者所指出，河朔三鎮內部存在大量包括昭武九姓、突厥、鐵勒等出身邊疆民族的軍人。這樣的軍人群體，從唐初到安史之亂以後，雖然有從部落貴族到普通寒門胡族的變化，但總的來說，他們很大程度上主宰了唐代中前期的軍事活動[6]。可是，到了唐末時期，戰場上湧現了起碼兩批此前並不顯眼的族群：發跡於河南的黃巢部眾以及後來盤踞河東的李克用系統的沙陀人。憑藉幫助唐朝鎮壓黃巢起義而獲正式授予河東節度使的李克用，出身沙陀部落，其父朱邪赤心因率領沙陀騎兵勁旅幫助朝廷鎮壓龐勛有功而賜名李國昌[7]。而河南宋州人朱溫出身黃巢軍，因為中途投降唐朝並協助朝廷打擊黃

6　陳寅恪：《唐代政治史述論稿》（北京市：生活．讀書．新知三聯書店，2001年），頁210-234及同氏著《論唐代之蕃將與府兵》，頁296-310；榮新江：〈安祿山的種族與宗教信仰〉，收入氏著：《中古中國與外來文明》（北京市：生活．讀書．新知三聯書店，2001年），頁222-237。

7　《舊五代史》卷二五〈唐書．武皇紀上〉，頁382。

巢軍而授予宣武節度使[8]。其部眾主要來自於河南地區社會底層農民與商人，與河南地區運河相關經濟活動的關係密切，與參與龐勛之亂者的社會背景一樣都帶有明顯的河南、山東、淮南地方色彩，有別於唐朝當時早已躋身唐朝管治階層或河朔三鎮的政治及軍事精英[9]。

當然，這不是說河朔三鎮的勢力完全崩潰。但與此前割據一方的情況相比，顯然大不如前，這在新興藩鎮與他們之間的一些城市攻防戰鬥中就可見一斑，比如祖先為王武俊騎將的王鎔，在繼承成德藩鎮帥位以後，曾因為援助背叛李克用的李存孝，被晉軍圍攻於天長鎮，王鎔在試圖出軍救援的時候被晉軍敗於叱日嶺，「斬首萬餘級」[10]；至光化三年（西元900年），朱溫卻以王鎔「與李克用交通」為藉口，派兵圍攻鎮州城，逼得後者「以其子節度副使昭祚及大將子弟為質，以文繒二十萬（宣武）犒軍」[11]。代、德兩朝一度雄霸一方的魏博鎮，也已經無法大肆擴張，先後被幽州、宣武兩鎮入侵。光化二年，幽州藩帥劉仁恭欲「兼併魏博、鎮定」，大軍進入魏博境內，一鼓攻陷貝州，「無少長皆屠之，清水為之不流」[12]。天祐三年（西元906年），魏博節度使羅紹威為了剷除跋扈的牙軍，竟然要借助朱溫宣武軍的軍隊，導致部分魏博鎮軍據城反抗，其中天雄軍牙將史仁遇退守高唐，

8 《舊五代史》卷一〈梁書．太祖紀一〉，頁1-4。

9 堀敏一：〈朱全忠政権の性格〉，收入氏著：《唐末五代変革期の政治と経済》（東京市：汲古書院，2002年），頁184-210。而佐竹靖彥：《朱温集團の特性と後梁王朝の形成》（收入《中國近世社會文化史論集》，臺北市：歷史語言研究所，1992年，頁504-511）以為，既然龐勛餘部大多逃入山東、河南地區運河沿線私鹽猖獗的周邊地區，在王仙芝與黃巢叛亂爆發以前時有活動，一直潛藏著不穩定的力量，最後得以被王仙芝與黃巢繼承和利用。

10 《舊五代史》卷二六〈唐書．武皇紀下〉，頁400。

11 《資治通鑑》卷二六二，光化三年九月條，頁8534。

12 《舊五代史》卷一三五〈劉守光傳〉，頁2099。

朱溫於是派兵圍攻，攻陷後「軍民無少長皆殺之」[13]，魏博鎮元氣大傷，從此再也無法威脅鄰近藩鎮，只能聽命於朱溫[14]。三鎮之中只有幽州還保持相當的實力，不時對周邊藩鎮發動進攻，除了以上提及的對貝州的屠城外，比如光啟元年（西元885年），時為幽州藩帥的李可舉憂慮「太原李克用兵勢方盛，與定州王處存密相締結」，於是派兵攻打易州，在圍攻一個多月後，次將劉仁恭「乃穴地道以入其城」[15]；大順元年，幽州藩帥李匡威曾一度攻陷河東北部的蔚州，「虜其刺史邢善益」[16]。只是到了劉仁恭繼承帥位後，河東、宣武鎮加強了對其的打擊，比如在光化三年九月至十月期間，朱溫的軍隊接連佔領瀛、景、莫等州，並攻陷祁州，守城刺史楊約戰死[17]。總的來說，從龐勛、黃巢起義到後來唐朝末年的汴晉爭霸，傳統河北藩鎮的勢力似乎逐漸沒落，起碼在城市攻防戰方面的攻守情況就反映了這一點。

在江淮一帶，亦湧現了不少實力不一的新興軍事力量，他們本來從事私鹽或商業活動，憑藉黃巢起義以來的混戰局勢進而組織大規模的武裝活動，並不屬於傳統中央控制軍隊或地方藩鎮的力量，但在唐末時期參與到地方武裝團體，繼而活躍於當時的戰爭舞臺。比如錢鏐因為早年加入「杭州八都」對抗黃巢大軍而為人所熟悉，其成年之初

---

13 《舊五代史》卷二〈梁書・太祖紀二〉，頁42。

14 這不是說魏博從此失去其政治與軍事影響，正如毛漢光指出，在羅紹威依仗朱溫打擊鎮內跋扈牙軍後，與宣武軍的關係頗為密切，除了結下姻親關係，並為朱溫的軍事行動提供重要的後勤支援，但與憲宗以前高峰時期的「河朔故事」相比，魏博的軍事和政治實力皆顯然大不如前。詳見其〈唐末五代政治社會之研究——魏博二百年史論〉,《歷史語言研究所集刊》第50本第2分，1979年，頁324-326。

15 劉昫等撰：《舊唐書》卷一八○〈李可舉傳〉（北京市：中華書局，1975年），頁4681。

16 《資治通鑑》卷二五八，大順元年九月條，頁8404。

17 歐陽脩、宋祁撰：《新唐書》卷一○〈昭宗紀〉、卷一八六〈王處存傳〉（北京市：中華書局，1975年），頁297、5419-5420。

「不喜事生業，以販鹽為盜」[18]；據有西川，並在五代初年建立前蜀的王建，據說「少無賴，以屠牛、盜驢、販私鹽為事，里人謂之『賊王八』」[19]；甚至像一度佔據江西洪州、撫州等地的鍾傳，雖然有「尤好學重士」之譽，亦「起於商販」[20]。這些唐末的地方軍事勢力，大多不屬於唐代原有的軍事系統或者藩鎮軍隊，反而牽涉當地商貿甚至不法勾當或者地方自衛組織，與黃巢的經歷有類似之處[21]。只不過他們最後打著保衛當地的旗號，最終並未跟隨黃巢一樣大舉反唐的旗號。

這些江淮地區的軍閥在王仙芝、黃巢起義爆發以後的二十年內迅速冒起，成為北方藩鎮都無法忽視的軍事力量，當中以盤踞淮南的楊行密以及吳越地區的錢鏐最為突出。比如在光啟三年牙將畢師鐸攻陷揚州城，幽禁了原來被朝廷正式任命，肩負剿滅黃巢黨羽重任的淮南節度使高駢，此時為廬州刺史的楊行密用了半年的時間又攻陷了畢師鐸控制的揚州城[22]。雖然揚州不到半年後又被孫儒攻陷，但這無阻於楊行密在淮南一帶的擴張，趁著朱溫無力兼顧南下之際發動攻城戰鬥，先是在景福二年（西元893年）攻下廬、歙等州，繼而在乾寧二年（西元895年）攻陷濠壽等原來已經歸附於朱溫的地域。比如在圍攻壽春的時候，楊行密的軍隊一度認為「城堅不可拔」，部將朱延壽「臨

18 歐陽脩撰，徐無黨注：《新五代史》卷六七〈吳越世家〉（北京市：中華書局，2015年），頁941。何勇強：《錢氏吳越國史論稿》（杭州市：浙江大學出版社，2002年）考證錢鏐的家世，指出《吳越備史》以及《羅隱集》所謂錢九隴八世孫的說法當為偽造（頁34-42）。

19 《新五代史》卷六三〈前蜀世家〉，頁881。

20 陶岳撰，顧薇薇校點：《五代史補》卷一，「鍾傳重士」條，傅璇琮、徐海榮、徐吉軍主編：《五代史書彙編》五（杭州市：杭州出版社，2004年），頁2480。

21 何勇強對此有比較詳細的梳理，認為唐末南方一帶鹽販、自衛組織與盜賊並沒有明確界線，特別是鹽販本身就存在一定的武裝組織，而且在唐末時期，南方地區普遍出現在本地為自衛武裝，在外地為賊的這種兵賊不分的現象，詳見氏著《錢氏吳越國史論稿》，頁39-41。

22 《舊五代史》卷一三四〈楊行密傳〉，頁2074。

城一舉而破」[23]，不久又擊退試圖前來圍城收復失地的朱溫軍隊[24]。乾寧四年的清口之役，楊行密的軍隊除了在清口決堰水擊潰了由龐師古率領的宣武軍主力外，亦擊退了圍攻壽州的宣武軍[25]，淮南勢力由是得以長期與北方宣武軍抗衡。

而與淮南南部接壤的吳越，在錢鏐的領導下亦逐漸在浙江一帶擴張勢力，並數度抵禦楊行密的圍攻攻勢，遏制了淮南勢力往江南東部拓展的態勢。比如錢鏐早於光啟三年十二月已經佔據潤州，並且在龍紀元年（西元889年）三月攻陷蘇州[26]。當然這不是說錢鏐的所有軍事擴張都非常順利，或者在每次城市攻防戰中都能力保不失，例如鄰近江北的常州，就曾被楊行密的大將田頵以地道攻陷[27]。而在錢鏐與自立稱帝的董昌交戰期間，楊行密派遣臺濛率兵趁機在乾寧三年攻陷蘇州[28]。不過錢鏐的軍隊隨著攻陷越州，剿滅董昌的勢力，亦在兩年後透過圍攻戰收復蘇州[29]。但總的來說，楊行密與錢鏐成為江淮地區兩股最具實力的軍事力量，朱溫所代表的宣武河南勢力也無法越過淮河擴張。

不同地域軍政勢力的滋長，也意味著內地發生的城市攻防戰不再局限於關中、河東、河北、山東、河南一帶的北方地區，而是遍及江淮、江漢、東西川等內地不同角落。誠然，北方的城市攻防戰依然非常頻繁，比如朱溫自中和三年（西元883年）上源驛事件中刺殺李克

---

23 路振撰，吳再慶、吳嘉騏校點：《九國志》卷三〈朱延壽傳〉，傅璇琮、徐海榮、徐吉軍主編：《五代史書彙編》六（杭州市：杭州出版社，2004年），頁3264。

24 《資治通鑑》卷二六〇，乾寧二年四月條，頁8468。

25 《九國志》卷一〈侯瓚傳〉，頁3233；《新唐書》卷一八八〈楊行密傳〉，頁5456。

26 《資治通鑑》卷二五七至二五八，頁8372、8381-8386。

27 《資治通鑑》卷二五八，龍紀元年十一月條，頁8391。

28 《新唐書》卷一八八〈楊行密傳〉，頁5455。

29 《資治通鑑》卷二六〇至二六一，乾寧三年五月至光化元年九月，頁8488-8517。

用失敗後，兩人結為世仇，兩軍之間的鬥爭成為唐末時期的重要事件，包括大順元年朱溫以唐朝南面招討使的名義參與到圍攻澤州的戰役在內，雙方在唐末的短短二十年之間的交戰中就產生了起碼二十三次的城市攻防戰[30]；而涉及河朔三鎮、易定等河北藩鎮的城市攻防戰鬥亦不少於二十一次。但是更值得注意的是，隨著裘甫、龐勛、黃巢起義先後爆發，江淮一帶發生的城市攻防戰鬥數量急劇上揚。大中十四年爆發的裘甫起義，戰爭歷時不到一年，其活動範圍亦不過在明州、臺州等幾個浙江沿海地域，就至少涉及象山與剡縣的兩個有明顯攻圍痕跡的城市攻防戰鬥。而從咸通九年（西元**868**年）到十年的龐勛之亂，除了九起在泗、徐、宿、宋州、下邳、柳子、滕縣等河南淮北的州縣發生外，還涉及五起在滁、和、壽、濠州與都梁城的城市攻防戰[31]。乾符四年的王郢起事，亦曾攻陷臺州與望海鎮等浙江地區。及至王仙芝與黃巢起兵，爆發不下三十八次城市攻防戰，除了在濮、曹、陳、蔡、舒州與六合、天長縣等河南與淮南的州縣，以及唐、鄧、郢、復、隨、荊州等湖北地區曾經有比較激烈的戰鬥外，其兵鋒亦從河南直捲江東，先後在、饒、洪、宣、潤、福、廣、潭、鄂等遍布浙江、湖南、湖北、江西、廣東、福建等江南地區的不同角落，涉及他們部隊的城市攻防戰鬥數量。易言之，從大中十四年到中和四年共二十五年間，裘甫、龐勛、王郢、黃巢、王仙芝部眾在江淮地區參與的城市攻防戰鬥就不少於四十次。不光如此，黃巢起義被撲滅以後，江淮地區依然處於兵荒馬亂的時期，其部眾仍然與當地像錢鏐、

30 據《舊五代史》卷一〈梁書・太祖紀一〉作河東東面行營招討使（頁13），《舊唐書》卷二〇上《昭宗紀》大順元年五月條作太原東南面招討使（頁741），而《資治通鑑》卷二五八，大順元年五月條作河東南面招討使（頁8397）。

31 按宋人樂史：《太平寰宇記》卷一六〈河南道〉（王文楚點校，北京市：中華書局，2007年），楚州盱眙縣有都梁山，而《元和郡縣圖志》卷三〇〈江南道五〉則記湖南武岡縣，漢朝時作都梁縣。此處的都梁當指楚州盱眙縣。

楊行密等武裝組織長期交戰，大量參與到江淮地區的城市爭奪戰鬥。如果把唐朝撲滅黃巢後到唐朝滅亡之間一共二十二年在江淮地區的城市攻防戰合算，則數量不下於六十八起，連帶蘇、泉、婺、越、韶、洪、桂、連州等此前隋末唐初以來罕有戰鬥記錄的地點都成為軍閥之間爭奪的目標。易言之，雖然按照史籍的記載，在關中、河東、河北、河南、山東等北方依然是城市攻防戰最為密集的地域，但從整體趨勢來說，戰場已經擴散到中國東南地區。

城市攻防戰在江淮密集發生的一個結果，就是武裝部隊作戰時頻繁地利用水道從事戰時補給和作戰活動。乾符二年（西元876年）〈討伐王郢詔〉，就稱他們「劫資財於建業之城，聚徒黨與狼山之戍，則浮江泛海，掠鎮攻城」，並下令江浙一帶的部隊「水陸俱發」[32]。文德元年，楊行密派田頵圍攻宣州，翌年，守城的趙鍠糧盡棄城，「舟出東溪，乘瀑流以逸」[33]。能坐船出逃，至少說明附近水路有一定的發達程度；乾寧四年，汴將朱友恭往攻黃州，刺史瞿章退守武昌柵，楊行密並「遣將馬珣以樓船精兵助章守」[34]。乾寧四年，錢鏐派兵圍攻由楊行密軍隊控制的蘇州，軍隊水陸兩路同時出發，他亦「親率舟師」抵達蘇州城下[35]。天復二年（西元901年），清海留後劉隱進攻韶州，「率舟師出雙石，會天大霧，昏暝如夜」，只不過韶人同樣精於水戰，一度「以鐵纜繫巨鉤投隱舟中，士卒驚撓」[36]。天復三年，楊行密派兵圍攻在鄂州的杜洪，荊南節度使成汭派遣號稱「和州載」的軍

---

32 宋敏求編：《唐大詔令集》卷一二〇（北京市：中華書局，2008年），頁638。《資治通鑑》卷二五三，乾符四年正月條亦記「詔二浙、福建各出舟師以討之」云云（頁8189）。

33 《九國志》卷三〈田頵傳〉，頁3261。

34 《新唐書》卷一八八〈楊行密傳〉，頁5455-5456。

35 《九國志》卷一〈臺濛傳〉，頁3223。

36 《九國志》卷九〈蘇章傳〉，頁3330。

艦支援鄂州[37]。從以上黃、蘇、宣、韶、鄂使用船艦的情況表明，當地水路比較發達，因此舟船在圍城作戰或者運輸的過程成為重要的軍事裝備，這在前一時期並不多見。

隨著不同割據勢力先後參戰，亦帶來了各種不同的戰略與戰術風格。有一些戰鬥屬於速戰速決。比如黃巢在戰略上不重視盤踞，除了沂、汝兩州以及晚期的天長、陳州的圍攻外，在戰爭初期很少對城市進行持久戰。究其原因，大抵由於此前罕見烽火的州縣城鎮，對突如其來的武裝起義隊伍無力招架，紛紛迅速攻陷。例如乾符三年王仙芝起義不久，「南攻唐、鄧、安、黃等州。時關東諸州府兵不能討賊，但守城而已」[38]；乾符六年，黃巢求節鉞不果，朝廷只允許授予空名告身，黃巢大怒，立馬急攻廣州，並「即日陷之，執節度使李迢」[39]。這些例子都反映單靠地方單薄的兵力，往往都不足以抵擋突然而來的猛烈攻擊。

另一個原因，可能是由於相當部分王仙芝、黃巢起義的部眾是被脅從參與，要長時間維持士氣與糧道補供肯定非常困難，速戰速決無疑是最為合適的戰略。正如學者方積六就指出，黃巢、王仙芝的部隊長期流動作戰，斷無逗留在城下作長期消耗戰鬥的可能[40]。恰好就是他們這種作戰風格，所以才讓朝廷軍隊無計可施。因此，黃巢部眾從中和三年至四年間不惜一切花了三百天的時間圍攻陳州時，已經處於江河日下作最後掙扎的階段。

此外，唐末時期唐朝與周邊民族起碼發生七次城市攻防戰，作戰

---

37 王欽若等編：《冊府元龜》卷九五一〈總錄部．咎徵二〉（北京市：中華書局，1960年），頁11191下至頁11192上。

38 《舊唐書》卷一九下〈僖宗紀〉，頁696。

39 《資治通鑑》卷二五三，乾符六年九月條，頁8217。《舊唐書》卷一九下〈僖宗紀〉把此事繫於同年五月（頁703）。

40 方積六：《黃巢起義考》（北京市：中國社會科學出版社，1983年），頁22-23。

地域集中於四川、雲南一帶的西南地區。從咸通二年至乾符元年初，南詔斷斷續續的向唐朝邊州發起進攻。懿宗即位後，唐詔雙方產生嚴重矛盾，關係破裂，最終走向戰爭。南詔趁機攻陷邕州；其後朝廷試圖改組嶺南的行政管理，分為嶺南東西兩道，但南詔問題變本加厲，南詔軍隊一度攻佔交州，朝廷因此調派高駢擔任安南節度使來收復交州[41]。武寧軍士兵常戍桂州，引發龐勛之亂，南詔卻由於戰爭過後元氣尚未恢復，沒有乘虛對西南地區發動攻擊，及至咸通十一年才對成都、雅州、邛州等地展開圍攻。隨著乾符元年年底南詔入侵雅州等地的失敗，朝廷亦再度派遣高駢整頓西川地區的防務。此後，唐朝與南詔雙方勢力均有所衰弱後，雙方再也沒有大規模交戰[42]。同時，沙州土豪張議潮曾在大中及咸通年間一度收復瓜、沙、甘、肅、涼等州，驅逐吐蕃統治勢力，獲唐廷授予歸義軍節度使[43]。但由於現存材料對其過程的敘述過於簡略，故暫不包括在本書的城市攻防戰年表內。

二　五代十國時期城市攻防戰的基本特點

五代十國時期一般被歐陽脩等傳統史家視為亂世[44]。的確，從開平元年（西元907年）朱梁建國至後周顯德六年（西元959年）的五十多年間，中國南北兩地至少發生一九二次城市攻防戰，當中一六六次

41 參見查爾斯．巴克斯（Charles Backus）著，林超民譯：《南詔國與唐代的西南邊疆》（昆明市：雲南人民出版社，1988年），頁158-168。

42 同上注，頁179-185。

43 《新唐書》卷二一六下〈吐蕃傳下〉，頁6107-6108；榮新江：《歸義軍史研究——唐宋時代敦煌歷史考索》（上海市：上海古籍出版社，1996年），頁2-6。另據同書所引〈敕河西節度兵部尚書張公德政之碑〉錄文，張議潮的軍隊曾「次屠張掖、酒泉，攻城野戰，不逾星歲，克獲兩州」，未有透露具體征伐過程（頁63）。

44 詳見《新五代史》卷六〈唐明宗紀〉，頁74。

直涉及五代十國政權的軍事戰鬥，二十六次涉及契丹發動或中原軍政勢力收復被契丹勢力佔據城市所引起。表面看來發生地點以及涉及的參戰方，似乎都繼承了唐末混戰的格局。但若果細心分析，則可以發現既有繼承，也有變化的一面，並非完全是唐末時期格局的延續。

（一）五代十國政權與各地軍閥的城市攻防戰

這一六六場城市攻防戰在時空分佈上並不平均。如果以淮河為南北分界線，北方的城市攻防戰不少於一一三次，遠超於南方江淮地區的五十四次，南方的數量是北方的二分之一弱。不過，這些城市攻防戰並非平均分佈。在北方的河南、河北、河東地區，戰鬥主要集中於開平元年至同光元年、清泰年間（西元934-936年）、天福十二年（西元947年）至乾祐二年（西元948年）、廣順元年（西元951年）和顯德元年。開平元年至同光元年這十七年之間，正值河南朱梁政權與太原李存勗勢力對壘以及李存勗勢力地盤擴展至河北的時間。僅僅梁晉之間直接對壘的城市攻防戰起碼涉及二十四次，基本每年都有城市攻防戰鬥；實際上在此期間雙方也涉及對河北成德、魏博的爭奪以及李存勗征服劉守光的大燕政權。但此後北方的城市攻防戰再也沒有梁晉對峙的時候那麼頻繁與持續。例如後唐自從在天成三年（西元928年）平定定州王都的叛亂後至清泰二年這八年間，河南、河東、河北爆發的大型城市攻防戰減少。歐陽脩認為明宗在位期間「兵革粗息」、「生民賴以休息」等評語[45]，與統計所見的城市攻防戰頻繁程度吻合。

另外，其他地區的城市攻防戰頻率趨向也類於河北、河東地區。李茂貞所代表的鳳翔集團也一度與後梁以及前蜀爭奪四川以北至陝西一帶區域的城市在開平年間和乾化四年（西元914年）發生多次城市

---

45 《新五代史》卷六〈唐明宗紀〉，頁75。

攻防戰鬥。此後涉及前蜀的城市攻防戰鬥似乎甚為罕見，特別是同光三年後唐滅前蜀的過程中經過三泉之戰後，前蜀各個城市基本是望風投降，缺乏固守城壘的抵抗[46]。在江淮地區，楊吳及後來的南唐顯然是眾多南方政權中經常參戰的政權，起碼涉及不少於三十一次攻防戰鬥。楊吳在徐溫掌政時期，除了圍攻譚全播所在的虔州以外，其他與後梁、吳越的戰鬥互有攻守。楊吳晚期以及南唐前期，南方江淮政權似乎頗為熱衷於以軍事介入福建地區，特別是從楊吳大和六年（西元934年）至南唐保大八年（西元950年）期間分別兩度圍攻福、建兩州。然而，保大十四年至十五年，南唐成為北方中原政權南下征討的目標，涉及至少十四次城市攻防戰，南唐倒變成了被廣泛圍攻的一方。

交戰雙方實力對比的變化也是值得注意。在五代北方地區，河東與河南政權的消長最為明顯。五代後梁初年，後梁一度圍攻潞州，大有一舉北上攻取太原之勢。不過，自李存勗親自率兵解圍以後，後梁雖然在河東晉、澤兩城力保不失外，但李存勗征服幽州政權，並使得成德、易定倒向河東，使河東勢力從河北南下河南進逼，繼而在黃河渡口爭奪戰爭持後擊滅後梁。此後，河東的勢力都往往可以推翻河南政權。清泰年間後唐試圖鎮壓河東太原石敬瑭；天福十二年，太原劉知遠趁著契丹在滅後晉以後北撤的時候趁機入主開封。兩件歷史事件皆以河東勢力入主河南作結。而後周廣順、顯德年間以及北宋開寶初年和太平興國四年則是後周及北宋與北漢的軍事對抗，其共同點是河東與河南開封政權的對戰，不同的地方在於北漢劉氏雖然獲得契丹作為後盾，不過其軍事勢力卻始終不如開封政權，經歷過一連串城市攻防戰以及野戰的打擊後，最終為北宋消滅，走上了與此前河東李存勗、石敬瑭、以及劉知遠不同的命運。

---

46 《舊五代史》卷三三〈唐書・莊宗紀三〉，頁524-525。

(二)五代北方政權與契丹的城市攻防戰

五代北方政權與契丹之間的城市攻防戰，是中原政權與周邊民族重要的軍事衝突方式。雙方至少有二十六次城市攻防戰，當中由契丹方面發起的進攻至少有十八次。如果從時間分佈來說，契丹對中原北方政權的展開攻城戰鬥最為頻密的時間大致在後梁貞明（西元915-920年）、龍德（西元921-923年）年間和後晉天福末至開運年間（西元944-946年），而中原北方政權對契丹或者由契丹授意的漢人控制城市的攻擊，就主要發生於開運年間以及天福十二年劉知遠建立後漢政權初期。

如果考慮到契丹勢力的壯大、河北軍政勢力消長等各種條件，則契丹與五代北方政權之間城市攻防戰的爆發，顯然並非偶然。

首先在政治方面。契丹在出身迭剌部的耶律阿保機以及其子耶律德光的悉心經營下，勢力逐步得到壯大，在十世紀初逐步掘起成為東北亞地區一股相當龐大的政治勢力，使得不論沙陀集團以及朱梁政權都爭相與之結盟[47]。而且，經過戰爭以及後晉石敬瑭割讓幽薊十六州後，契丹的統治範圍迅速擴大。當耶律阿保機在西元九一六年建號契丹時，統治區域不過還限於塞外一帶，尚處於遊牧國家的階段；但及至西元九三八年後晉割讓幽薊十六州與契丹的時候，契丹就開始把燕雲地區納入控制範圍，並且以「大遼」作為這片燕雲漢地的新國號[48]。

在戰爭技術的角度來看，契丹之所以迅速變得強大，並不光是簡單幾次野外戰場上取得勝利的結果，而是在充分吸收漢人城市攻防技術的情況下實現。契丹此前「舊俗隨畜牧，素無邑屋」，但在燕人的指導下已經可以「乃為城郭宮室之制於漠北」，又「城南別作一城，

---

47 陳述：《契丹政治史稿》（北京市：人民出版社，1986年），頁107-108。

48 劉浦江：〈遼朝國號考釋〉，《歷史研究》2001年第6期，頁30-44。

以實漢人，名曰漢城」[49]；而在耶律德光去世後一度隨契丹重臣蕭翰北入契丹的同州人胡嶠，在《陷虜記》中記契丹上京「有綾錦諸工作、宦者、翰林、伎術、教坊、角抵、秀才、僧尼、道士等，皆中國人，而並、汾、幽、薊之人尤多」[50]。學者劉浦江據此指出，在契丹人建立遼國前後除了從戰爭中俘獲大量漢人，亦吸引不少來自幽薊河朔地區的漢族移民[51]。這至少說明五代初年的時候契丹方面已經廣泛接觸來自幽燕乃至代北地區的漢文化。

具體的戰例表明，當時契丹經過當時的文化交流，已經初步掌握河北漢地的攻防技術。貞明二年八月攻陷振武軍的戰役中，契丹部隊「為火車地道，晝夜急攻」[52]，說明在契丹部隊之中已經存在掌握製造攻具和修建地道的人員。同年十一月蔚州之圍，契丹兵攻城時「敵樓無故自壞」[53]，亦似乎不能排除契丹部隊在是役曾派員破壞城牆下根基的可能。翌年，盧文進引契丹兵共同圍攻幽州，他「教契丹為攻城之具，飛梯、衝車之類」，並「鑿地道，起土山，四面攻城」，周德威的幽州守軍雖說被圍二百多日，期間「軍民困弊，上下死懼」，如非李存勗及時派遣李嗣源等率軍北上救援，幽州確實有被契丹攻陷的可能[54]，也恰好說明盧文進等燕人在指導契丹攻城術方面的顯著作用。甚至迄至開運年間南侵後晉的軍事行動中，契丹更在馬家渡以「步卒萬人方築壘浚隍」[55]，契丹部隊已經具備修築臨時工事阻擋後晉軍隊

---

49 《舊五代史》卷一三七〈契丹傳〉，頁2132。

50 引自《新五代史》卷七三〈四夷附錄二〉，頁1024。

51 劉浦江：〈試論遼朝的民族政策〉，收入氏著《遼金史論》（瀋陽市：遼寧大學出版社，1999年），頁37-38。

52 《舊五代史》卷五二〈唐書・李嗣本傳〉，頁818。

53 脫脫等撰《遼史》卷一〈太祖紀上〉（北京市：中華書局，2016年），頁11。

54 《舊五代史》卷二八〈唐書・莊宗紀二〉，頁444-445。

55 《冊府元龜》卷一一八〈帝王部・親征三〉，頁1409下。

的技術。易言之，契丹人從唐末五代初年的契丹至後來建立遼國這六七十年之間，無論是在政治乃至攻守城技術層面都得到質的提升。

其次，河北幽燕地區的局勢發展也有助於契丹深入河北作戰，從而導致中原政權軍隊與契丹圍繞華北城市展開城市攻防戰。雖然安史之亂平定後，河北三鎮在經濟、政治方面雖然擁有高度自主，但在制約契丹南下保護中原地區方面依然發揮積極作用。甚至到了唐末時期劉仁恭、劉守光父子鎮幽州，契丹在河北並沒有尋找到太多有利於南下擴張的機會，比如劉仁恭派兵越過摘星嶺，乘霜降秋暮之際「即燔塞下野草以困之」，迫使契丹「以良馬賂仁恭，以市牧地」；當後來契丹騎兵進攻時，劉守光亦以伏兵生擒舍利王子入城，迫使當時的契丹王欽德乞盟求和，「自是十餘年不能犯塞」，但自從劉仁恭、劉守光勢力被李存勗所征服，不少當地人民先後也逃入契丹，這讓契丹在河北北部地方獲得展開軍事活動的廣闊空間[56]。

同時，沙陀統治集團對於河北北部所謂「山北」地區的駕馭能力並不牢固。從現存史文可知，當李存勗征服原來幽州控制的區域後，以騎將周德威領幽州節度使，並在劉氏父子倒臺前後，接收了包括契丹、室韋、吐谷渾、契苾等不同部落組成的所謂「山後八軍」[57]。比如原來為幽州牙將、山後八軍巡檢使的李承約就在劉守光軟禁劉仁恭後投奔李克用父子[58]；而且在正式接管幽州地區後，李存勗更以其弟李存矩領新州團練使統領山後八軍[59]。但據報周德威不僅「恃勇不脩邊備，遂失渝關之險，契丹每芻牧於營、平之間」，而且還「忌幽州

---

56 《舊五代史》卷一三七〈契丹傳〉，頁2130-2131。

57 關於山後八軍民族成分的考證，詳見任愛軍〈唐末五代的「山後八州」與「銀鞍契丹直」〉，《北方文物》2008年第2期，頁59-61。

58 《舊五代史》卷九〇〈晉書．李承約傳〉，頁1381。

59 《舊五代史》卷九七〈晉書．盧文進傳〉，頁1513。

舊將有名者，往往殺之」[60]。單憑《通鑑》的敘述，我們難以瞭解周德威領幽州節度使的晉軍在管治山北地區的問題。不過當山後勁兵拒絕服從到梁晉戰場前線的命令，並擁立盧文進犯攻新、武等州時，其理由就是「我輩邊人，棄父母妻子，為他血戰，千里送死，固不能也」，揭示河北北部山後地區的軍人依然視以新近征服者姿態出現的沙陀李氏為他者，不為北方五代政權所能輕易支配[61]。

再者，早在劉守光統治的末期，一些幽州軍民為了逃離大燕政權，他們沒有南下後梁或西入河東，而是「亡叛皆入契丹」也使契丹人對於幽燕地區的情況更為瞭解[62]。因此，當貞明三年盧文進「招誘幽州亡命之人」叛投契丹、偕同契丹兵攻陷新州，並一度圍攻幽州達二百多日[63]，至少說明契丹對山西、河北北部的進逼自有其逐漸變化的過程，並不始於後晉統治者石敬瑭對幽薊十六州的割讓，而貞明到龍德年間契丹在河朔地區的九次城市攻防戰記錄，就是這種變化的具體反映。而當幽薊十六州被割讓以後，也意味著遇敵的前沿由華北北部周邊收縮至華北南部一線，契丹南下就更為便捷。因此，五代政權對契丹的抗衡，就更需要利用各州縣軍鎮城市據城抵抗，契丹在華北的攻城活動也因此越趨活躍。

結語

本章通過對不同時期城市攻防戰的發生地點、戰爭對手等不同方面的統計，勾勒唐末五代十國時期城市攻防戰的演變，揭示唐末五代

60 《資治通鑑》卷二六九，貞明三年二月，頁8813-8814。

61 《舊五代史》卷九七〈晉書·盧文進傳〉，頁1513。

62 《舊五代史》卷一三七〈契丹傳〉，頁2130。

63 《舊五代史》卷二八〈唐書·莊宗紀二〉，頁444-445。

時期關於城市攻防戰趨勢的兩個主要特徵：一、唐末及五代十國時期中原軍隊敵人的城市攻防術成為日益普遍的戰爭手段，南北兩地的軍閥圍繞城池展開激戰，甚至契丹與南詔等周邊民族也具備在城市攻防戰作戰的能力，城市攻防戰成為中原地區普遍採取的戰爭方式，作為戰爭手段的城市攻防術因此變得愈加重要；二、城市在戰爭中的地位。九世紀中晚期以後，城市攻防戰遍布全國各地，華北平原和南方地區的不少城市都成為軍閥爭奪的目標。

第二章
唐末至五代十國時期的城牆與城防設施

第一章論證了城市攻防戰作為唐末至五代十國時期的主要戰爭形態，突顯了城市攻防戰在唐代中後期和五代十國時期的重要性。對守城方而言，城市既可能是政治及經濟中心，也可能是軍事要地。城市攻防戰發生的前提，是防禦方可以依託城牆據守。在唐末五代時期城市攻防戰日益普遍的環境中，城牆結構在戰爭中產生怎樣的作用，以及當時人們如何強化城市的防禦功能以資守禦？本章以唐中後期至五代期間城郭的防禦建築為研究對象，就是要試圖回答以上的問題。

一　城址結構和建造材料

(一) 城址、水道與護城河

章生道等學者曾經提出，古代中國大部分有城牆保護的城市，實際上坐落於河流沿岸的平原低地上，為當地百姓居民帶來運輸、防禦、供水及灌溉的便利，有利於城市的商貿發展及滿足生活用水的需求，人們因此從城池附近的河道中引水，城市與水道關係亦因此特別密切[1]。這種看法雖然注意到水道與城池的關係，卻忽視了不少城池的選址並不一定都在平原曠野。例如由東、西、中三城組成的唐代太

1 Sen-dou Chang, "The Morphology of Walled Capitals," in *The City in Late Imperial China*, ed. G. William Skinner (Stanford, California: Stanford University Press, 1977), pp. 83-87.

原府城，城址就坐落在呈東北—西南走向狹長山地之間，由汾水沖積而成的太原盆地，無論城市構造和地形，都有別於其他華北平原的城市[2]。而在太原以南，同樣在河東地區的澤州，坐落於「山谷高深，道路險窄」地帶[3]。在南方地區，部分城址也不是位處開闊的平原。例如建州城就地處福建北部丘陵地帶，文獻記載「為高因丘陵，為下因川澤，則用力少而成功多也」、「建城依山帶溪」[4]。

當然，人們為了改善城牆的防禦能力，不惜改造防禦系統。一旦進入戰爭狀態，城壕在城市攻防戰中往往成為保護城市的一道屏障。比如兵家即認為所謂「壘高土厚」與「城堅溝深」，同樣是決定一個城市安全與否的必要條件[5]。守城方在戰爭時期，亦會加挖或深挖城壕，從附近河道引水注入塹壕以增加城市的防禦能力。唐五代時期各地城壕也深淺寬廣不一。根據現有的考古發現，隋唐長安的城壕寬度和深度分別達到九米和四米，距離牆基約三米[6]。又例如考古人員在唐代明州子城的遺址中，就發現了與城牆平衡，寬五米、深三米以上的護城河遺跡[7]。

在具體戰例中，所謂壕溝或護城河，可以分為臨時和永備兩種。後梁開平元年至二年間，荊南和楚國聯軍攻打雷彥恭一戰中，雷彥恭

2 愛宕元：〈唐代太原城の規模と構造〉，收入氏著：《唐代地域社会史研究》，頁181-184。

3 顧祖禹撰，賀次君、施和金點校：《讀史方輿紀要》卷四三〈山西五〉（北京市：中華書局，2005年），頁1972。

4 夏玉麟、汪佃修纂，福建省地方志編纂委員會整理：《建寧府志》卷七〈城池〉（廈門市：廈門大學出版社，2009年），頁174。

5 杜佑撰，王文錦等點校：《通典》卷一五二〈拒守法〉（北京市：中華書局，1988年），頁3893。

6 宿白：〈隋唐長安城與洛陽城〉，《考古》1978年第16期，頁409。

7 寧波市文物考古研究所：〈浙江寧波市唐宋子城遺址〉，《考古》2002年第3期，頁50-51。

引「沅江環朗州以自守」[8]，就屬於臨時引流的壕溝。至於永備工事。唐末時期，金陵城外開挖了護城河。《景定建康志》敘述楊行密在金陵城南門外的修築長干橋，提及「五代楊溥城金陵，鑿濠引秦淮遶城，西入大江」[9]，表明楊行密曾在城牆外引秦淮河水作護城河。據《永樂大典方志輯佚》所收錄的《宜春志》，在楊吳大和五年，袁州除了出現新築的羅城，亦「浚壕五百餘丈」[10]也當屬五代時期出現的永備壕溝。

（二）複城結構

在隋唐時期，不少城市都是複郭結構。作為唐朝都城的長安與洛陽，就分為郭城、皇城、和宮城三重城郭[11]。而唐代地方城市，似乎比較多是模仿洛陽等都城的形制，劃分子城與羅城（或外城）。羅城是最外一重城垣所包圍的區域，而子城則多是在西北隅的高地，再築一重城牆，以保護官署衙門，形成居高臨下之勢，有的甚至在子城之內再修建牙城，構成三重城牆[12]。而據學者考證，節度使衙署多設置於子城內，因此所謂牙城或衙城，在很多情況下即是子城[13]。從防禦角度來看，二重或三重城的劃分能增強縱深，使攻城方即使突破外城後還不能長驅直入。

從唐末五代時期城市攻防戰的記載，也不難發現當時不少城市有

---

8 《資治通鑑》卷二六六，頁8701。

9 周應合撰：《（景定）建康志》卷一六〈疆域志二・橋梁〉，《宋元方志叢刊》第2冊（北京市：中華書局，1990年），頁1545上。

10 馬蓉等點校：《永樂大典方志輯佚》（北京市：中華書局，2004年），頁1834-1835。

11 宿白：〈隋唐長安城與洛陽城〉，《考古》1978年第6期，頁411-413、420-421。

12 宿白：《隋唐城址類型初探（提綱）》，頁280-284。並見李孝聰：《唐代城市的形態與地域結構——以坊市制的演變為線索》，頁106-110。

13 成一農：〈中國子城考〉，《古代城市形態研究方法新探》，頁103-105。

複城結構。在咸通時期龐勛圍攻徐州，「眾六七千人，鼓噪動地，民居在城外者，賊皆慰撫，無所侵擾，由是人爭歸之，不移時，克羅城」，守城的武寧節度使崔彥曾退守子城，結果「民助賊攻之，推草車塞門而焚之」，為龐勛攻陷；後來康承訓反攻宿州，燒毀宿州外寨，替龐勛守城的張儒退保羅城[14]。天復元年，時為平盧節度使王師範行軍司馬的劉鄩以五百兵力攻陷兗州。據說他「遣細人詐為鬻油者，覘兗城內虛實及出入之所，視羅城下一水竇可以引眾而入，遂志之」，因此得以實施突襲行動[15]。開平元年十一月，米志誠攻打潁州，雖然他能攻克外郭，但刺史張實退守子城[16]。乾祐年間後漢征討李守貞，在圍攻河中城的末期，郭威率「三寨將士奪賊羅城」[17]。以上數例分佈在黃河流域與大運河沿岸的區域。

城牆的擴建或修築，涉及城防設施的修築，也意味軍事防禦的需要是促進當時南北地區各地城牆拓展的一個關鍵因素。一方面，唐末一些節度使在其治所修築羅城保衛州城，並以原來城牆轉化為子城保衛衙署，當然是藩鎮節帥增強自身安全的表現[18]。例如唐僖宗文德元年二月，魏博節度使樂彥禎「發六州民築羅城，方八十里，人苦其役」[19]，也許反映河北州城的規模擴大的跡象。又唐僖宗光啟三年三月，鎮海節度使周寶被牙將劉浩所逐，起因是他在潤州「築羅城二十餘里，建東第，人苦其役」，並且「募親軍千人，號後樓兵，稟給倍於鎮海軍」[20]，故修築羅城實為其增強其軍事實力的舉動。

14 《資治通鑑》卷二五一，咸通九年十月丁丑、咸通十年八月壬子，頁8127、8147。
15 《舊五代史》卷二三〈梁書・劉鄩傳〉，頁354。
16 《資治通鑑》卷二六六，頁8687。
17 《舊五代史》卷一一〇〈周書・太祖紀一〉，頁1689。
18 成一農：《中國子城考》，頁119-120。
19 《資治通鑑》卷二五七，頁8374。
20 《資治通鑑》卷二五六，頁8345。

而有些州縣城市，在唐末以前除了有保護衙署的小城牆外，並無外城牆包圍，遠遠不足以應付唐末以來的戰爭需要，因此羅城的修築大抵是增強地方軍事防禦的需要。比如說汴將鄧季筠在天祐三年任登州刺史後，鑑於「登州舊無羅城」，於是「率丁壯以築之」[21]。同是朱溫部將的楊師厚也為襄州修建羅城，「始興板築，周十餘里，郛郭完壯」[22]。這些城市此前不受戰火波及，但在唐末時期城市攻防戰普及化的背景下，亦紛紛修築或重修羅城城牆。

（三）建造材料

唐五代時期修築城壁的材料以夯土居多，亦有部分南方或接近水道的城牆以磚塊砌築。所謂夯土建築，就是以泥土作為建築材料然後加木板壓實而成，即所謂夯築。不過，早在兩晉南北朝時期，已有用磚砌築城牆及其他相關城防設施的出現。比如考古人員在揚州城遺址裡就發現了相信屬於東晉時期的磚牆遺跡[23]，而在唐前期的時候，除了都城部分城牆外，地方城池大多以夯土修築。從暫時已知的考古發掘結果所見，長安大明宮城門附近與牆角表面、以及洛陽宮城部分城壁都是表面砌磚[24]，表明長安與洛陽城只有少部分城牆是砌磚。

在地方城市，夯土依然是唐代修築城牆的主要材料。例如敦煌莫高窟《五臺山圖》所繪畫的鎮州城牆，就屬於夯土版築，只有城門基和角樓基是以磚砌，反映唐前期華北地區城市以夯土修築為特點[25]。

---

21 《舊五代史》卷一九〈梁書．鄧季筠傳〉，頁301。

22 《舊五代史》卷二二〈梁書．楊師厚傳〉，頁340。

23 南京博物院：〈揚州古城一九七八年調查發掘簡報〉，《文物》1979年第9期，頁36。

24 宿白：〈隋唐長安城與洛陽城〉，頁414、420。

25 宿白在〈敦煌莫高窟中的「五臺山圖」〉（《文物參考資料》1951年第5期）中指出，《五臺山圖》中的鎮州城門樓形制屬初唐遺制，在五代以後已經絕跡（頁57-58）。圖中所描繪的鎮州城牆，應該是反映唐末以前的樣式。

在寧波的考古發掘中發現一段是以磚塊包砌夯土牆體的唐代明州子城城牆遺跡[26]。長慶元年，明州才重新在鄮縣築城為州治[27]，據說子城在長慶元年由刺史韓察所築[28]。所謂唐五代包磚城牆，當是九世紀以後的構築。考古學家也在揚州城遺址的挖掘中，發現唐末五代時期修築的城牆，是由磚塊包砌夯土修築的城牆[29]。這意味著揚州城牆以磚塊包砌的時間不晚於唐末。但總的來說，在唐代中期以前，以磚塊包砌城牆的做法並不普遍。

但在唐末五代時期隨著戰爭頻發，加快了各地以磚修築城牆的步伐，比如學者黃寬重就注意到唐末時期個別城市用磚包砌城郭的現象[30]。揆諸史料，以磚包砌城郭的現象，唐末五代混戰時期，南方軍閥似乎熱衷於以包磚強化地方州城，顯然與軍事壓力有密切關係。

早在唐末時期，西川節度使高駢便因為南詔入侵，於是「甃之以

26 寧波市文物考古研究所：《浙江寧波市唐宋子城遺址》，頁48-50。

27 王溥撰：《唐會要》卷七一〈州縣改置下．江南道〉（上海市：上海古籍出版社，2006年），頁1507。

28 羅濬等纂：《（寶慶）四明志》卷三〈敘郡下．公宇〉，《宋元方志叢刊》第5冊（北京市：中華書局，1990年），頁5020上。

29 據中國社會科學院考古研究所揚州城考古隊、南京博物院揚州城考古隊、揚州市文化局揚州城考古隊所撰〈揚州宋大城西門發掘報告〉（《考古學報》1999年第4期，頁488-489、501-502），提出在揚州城西門遺址的唐末五代層，發現由磚塊包砌的夯土牆，同時出土物較多為唐末五代瓷片，並據磚塊上的銘文判斷包砌的磚塊為唐代羅城的舊磚，認為後周修築的小城，很可能重用原有唐代羅城的舊磚。這個結論也見於後來出版的考古報告中。詳見中國社會科學院考古研究所、南京博物館、揚州市文物考古研究所編著：〈揚州城：1987-1998年考古發掘報告〉（北京市：文物出版社，2010年），頁263-262。考古學家後來在唐宋城東門及北門繼續挖掘工作，判斷唐末時期河楊吳時期所修繕時所用的磚塊，都是重新燒製的磚塊，詳見中國社會科學院考古研究所、南京博物館、揚州市文物考古研究所編著：《揚州城遺址考古發掘報告：1999-2013》（北京市：科學出版社，2015年），頁303-305。

30 黃寬重：〈宋代城郭的防禦設施及材料〉，收入氏著：《南宋軍政與文獻探索》（臺北市：新文豐出版公司，1990年），頁193。

磚」[31]。其他以磚石包砌城牆的城市，也多是戰略或政治重地。唐末五代十國時期，常州城便分別在晚唐景福元年及楊吳順義年間（西元921-926年）以磚修築子城和內子城[32]。而楊吳政權的宿敵吳越錢氏也在龍德二年以磚塊包砌蘇州城的城牆[33]。南平統治者高季興據說為了修築江陵城，把城外五十里的墳塚「皆令發掘，取磚以甃之」[34]。考古人員據說也在荊州城遺址發現一段相信是五代荊南高氏政權以磚土混合構築的磚城牆[35]。閩國王氏也有以磚石強化城防體系。五代時期福州城由子城、羅城及夾城等三層防禦設計構成，其中夾城「南城大門累甎甓」[36]。這樣看來，以磚包砌城牆的做法，在唐末及五代十國時期的南方地區似乎並不罕見。

另一推動地方軍閥以磚包砌城郭的原因與當地的土質有關。比如穆宗時期出鎮武昌軍的牛僧孺，因為江夏城「風土散惡，難立垣墉」，並指出以往每年官府維修城牆時都需要「賦菁茆以覆之」，於是「計茆苫板築之費，歲十餘萬，既賦之以磚，以當苫築之價」，在城牆表面砌磚，解決了氣候帶來的問題[37]。唐末陳州「土壤卑疏，每歲壁壘摧圮，工役不暇」，可見該地降雨較多，土質比較鬆軟，城牆往

31 《冊府元龜》卷四一〇〈將帥部・壁壘〉，頁4876下。

32 史能之撰：《（咸淳）毗陵志》卷三〈地理三・城郭〉，《宋元方志叢刊》第3冊（北京市：中華書局，1990年），頁1982上。

33 王鏊等修纂：《（正德）姑蘇志》卷一六〈城池〉，《中國史學叢書》本（臺北市：臺灣學生書局，1986年），頁220。

34 周羽翀撰，余鋼校點：《三楚新錄》卷三，傅璇琮、徐海榮、徐吉軍主編：《五代史書彙編》十（杭州市：杭州出版社，2004年），頁6327。

35 湖北省荊州市博物館、湖北省荊州區博物館：〈荊州城南垣東端發掘報告〉，《考古學報》2001年第4期，頁547-548、565。

36 梁克家纂修：《（淳熙）三山志》卷四〈地理四・夾城〉，《宋元方志叢刊》第8冊（北京市：中華書局，1990年），頁7817下。

37 《舊唐書》卷一七二〈牛僧孺傳〉，頁4470。

往容易被侵蝕，而趙珝「遂營度力用，併以甓周砌四墉，自是無霖潦之虞」[38]，足見當時的人已注意到夯土城牆容易受雨水侵蝕的問題，於是嘗試以磚石強化城牆。

二　城防設施

城牆不僅僅是一道圍繞城市的壁壘，人們往往修築或補修相應的設施作為配套，讓防守方的人員更有效應對攻城方各種攻擊。以下就唐五代時期的羊馬城、甕城、月城、夾城、馬面以及其他城防設施的作用與發展趨勢作梳理及分析。

（一）羊馬城

羊馬城，史料裡或稱作羊馬牆，是唐宋時期的重要城防設施。早在二十世紀五〇年代，日本學者日野開三郎就已經指出羊馬牆從中晚唐至兩宋時期的軍事價值[39]。有關羊馬城的形制，可見諸唐宋時期軍事的文獻記載。《太白陰經》〈築城篇〉：

> 築羊馬城於濠傍，高八尺，上置女牆。[40]

《通典》云：

---

38 《舊五代史》卷一四〈梁書．趙珝傳〉，頁224。

39 日野開三郎：〈羊馬城：唐宋用語解の一〉，《東洋史学》第3号，1951年；今據氏著〈羊馬城〉，收入氏著：《日野開三郎東洋史学論集》第十三卷《農村と都市》（東京市：三一書房，1993年），頁412-415。

40 李筌：《太白陰經》卷五〈預備．築城篇〉，中國兵書集成編委會：《中國兵書集成》第2冊，影印守山閣叢書本（北京市：解放軍出版社、瀋陽市：遼瀋書社，1988年），頁544。

> 城外四面壕內，去城十步，更立小隔城，厚六尺，高五尺，仍立女牆，謂之羊馬城。[41]

兩條材料同樣指出羊馬城是一道修築與主城牆外和牆外城壕之間矮牆，差異的地方在於建築高度，《通典》云高五尺，《太白陰經》記八尺。唐代一般十分為寸，十寸為尺，五尺為步，學者推測唐官尺介乎二十八點六至三十點六釐米[42]。以二十九釐米作為平均數折算，則《通典》所記羊馬城的高度約一四五釐米，而《太白陰經》的高度約二三二釐米，兩者之間相差接近一米。

從往後的文獻敘述來看，羊馬城呈現往上升的發展趨勢。北宋時期編撰的《武經總要》就規定「壕之內岸築羊馬城，去大城約十步」，而且「高可一丈以下，八尺以上，亦偏開一門與甕城門相背，若甕城門在左，即羊馬城門在右也」[43]。也就是說，北宋時期羊馬城與主城牆之間的距離未有出現重大改變，但高度已經進而達到八尺以上。由於《太白陰經》和《武經總要》對有關羊馬城記載的高度較《通典》記載的為高，正如學者所言，羊馬城的出現大抵早於中晚唐以前，但其廣泛應用大抵在唐末五代時期，大致反映羊馬城在唐末五代時期頻繁的戰爭情況下，呈現往高發展的趨勢。[44]

隨著唐末至五代藩鎮以及割據勢力的攻城活動再度活躍，涉及羊馬城建設和使用的記載亦隨之增加。例如在揚州的考古遺址上，就發

---

41 《通典》卷一五二〈兵五〉，頁3894。

42 郭正忠：《三至十四世紀中國的權衡度量》（北京市：中國社會科學出版社，1993年），頁235-255。

43 曾公亮、丁度撰：《武經總要》前集卷一二〈守城〉，《中國兵書集成》第3冊，影印唐富春刊本（北京市：解放軍出版社、瀋陽市：遼瀋書社，1988年），頁525-526。

44 據學者孫華的推測，由於唐代北方周圍城市的人民在戰亂時期把牲畜都趕到主城牆外的矮牆內安頓，這道矮牆因而稱作羊馬城。詳見孫華：〈羊馬城與一字城〉，《考古與文物》2011年第1期。

現了大概在唐中後期修築的羊馬城遺跡[45]。而在文獻對唐後期至五代時期戰爭的敘述中，亦可發現羊馬城的存在與作用。例如文德元年五月朱溫打擊秦宗權的戰爭中，汴軍「以二十八寨包圍蔡州城」，並在同年八月「拔蔡州南城」[46]，但最終卻「既破羊馬垣，遇雨班師」[47]，側面反映羊馬城作為屏障阻延攻城方突破的作用。光化三年的河陽之圍，當時河陽守將侯言未預料河東兵至，只能臨時「驅市人登城」[48]。河東將李嗣昭「壞其羊馬城」，然而汴將閻寶及時引兵救援河陽，在城壕外擊退晉軍[49]，也就是說羊馬城有助於守城方抵抗攻城方。

至於唐末五代時期羊馬城在城牆結構中的位置，大抵可從《太平廣記》所引《玉堂閒話》朱漢賓條記載五代時期安州城結構的參考：

> 梁貞明中，朱漢賓鎮安陸之初。忽一日，曙色才辨，有大蛇見於城之西南，首枕大城，尾拖於壕南岸土地廟中。其魁可大如五斗器，雙目如電，呀巨吻，以瞰於城。其身不翅百尺，粗可數圍，跨於羊馬之堞，兼壕池之上，其餘尚蟠於廟垣之內。有宿城軍校，卒然遇之，大呼一聲，失魂而逝。一州惱懼，莫知其由。來年，淮寇非時而至，圍城攻討，數日不破而返，豈神祇之先告歟！[50]

以上有關安州城旁出現巨蛇一事，神怪色彩甚濃，自是荒誕之

45 《揚州古城一九七八年調查發掘簡報》，頁40。
46 《資治通鑑》卷二五七，頁8379-8380。
47 《舊五代史》卷一九〈梁書．朱珍傳〉，頁299。
48 《舊五代史》卷五二〈唐書．李嗣昭傳〉，頁810。
49 《資治通鑑》卷二六二，頁8537。
50 李昉等編：《太平廣記》卷四五九〈朱漢賓〉（北京市：中華書局，1961年），頁3757。

說，但其時代背景以及對城牆的描繪，卻大抵有現實依據。史載寇彥卿「貞明初，授鄧州節度使。會淮人圍安陸，彥卿奉詔領兵解圍，大破淮賊而回」[51]，與文中朱漢賓鎮守安州的時間吻合，可見文中的安州城屬後梁末帝時期。而且其對羊馬城的描述詳細，有助於我們對城防結構的瞭解：文中先云有大蛇首枕大城，說明了安州城分為外城和子城兩層結構；而尾部則在壕南岸土地廟中，可見當時安州城之南方為壕溝保護。巨蛇身體橫跨在羊馬牆和壕池之上，暗示了羊馬城可能面臨壕池，距離城壕不會太遠。毫無疑問，羊馬牆的發達與其軍事防衛功能密不可分。

（二）甕城與月城

按照現代學者的說法，甕城就是在主體城門外，再建造出一重或多重的弧形壁壘，用以保護城門，增強城門的防禦能力，以減輕城門直接暴露與敵軍攻擊的機會和壓力[52]。而材質主要是木材的城門，是整個城防防禦體系中最為薄弱的一環。在冷兵器時代，攻城方可以衝車、衝槌等攻具或者以火攻攻擊城門，城門因此往往成為攻城者的突破點[53]。

現存涉及甕城的文獻記錄，基本都是唐末以來的記載，主要關於修築與利用等兩方面。涉及甕城的修築，據《資治通鑑》咸通十一年二月條記載，東川節度使顏慶復指導蜀人在成都城建築甕城，「穿塹引水滿之，植鹿角，分營鋪。蠻知有備，自是不復犯成都矣」，胡三省注並且解釋甕城的涵義：「城門之外，別築垣以遮門，謂之壅門，

51　《舊五代史》卷二〇〈梁書・寇彥卿傳〉，頁319。

52　《中國軍事史》卷六〈兵壘〉，頁42。

53　史黨社、田靜：〈中國古代之「衝」小考——兼論漢景帝陽陵出土「攻城破門器」的命名〉，《考古與文物》第4期（2010年），頁56-58。

今人謂之八卦牆者是也」[54]。觀乎該年成都城所遭遇的經歷，可知顏慶復在成都修築甕城的目的在於增強成都城的防禦能力，以防南詔的再一次進犯：懿宗時期，南詔曾一度攻陷邕州、交州等西南地區的沿邊城市，並在咸通十一年一月至二月間建造工具，對成都實施強攻，史載除了唐朝的忠武等藩鎮客兵在野外截擊南詔的野戰部隊外，守軍多次以火應付圍城的南詔軍隊的攻勢，並且突襲敵營，「城中出突將，夜火蠻營」，才最終迫使南詔軍解圍[55]。顏慶復修築甕城等舉措，意味著唐朝有意加強成都城防禦能力。

至於另一種記載則涉及對甕城的利用。如光啟三年十月，當時汴軍剛攻陷濮州，刺史朱裕奔逃鄆州，汴將朱珍乘勝進攻鄆州。朱瑄使朱裕「詐為降書，陰使人召珍，約開門為內應」，當汴軍進入鄆州城的甕城時，「鄆人從城上礫石以投之，珍軍皆死甕城中」[56]。按《通鑑》載，鄆州守軍「閉而殺之，死數千人」[57]，則可見甕城之規模不小。而在前揭的乾寧四年鄆州之圍，汴將牛存節最終「獨率伏軍負梯衝破其西甕城，奪其濠橋」，使汴軍得以破城，說明甕城依舊存在[58]。開寶二年，北宋試圖強攻北漢的都城太原城。在這次以失敗告終的攻城戰鬥中，北宋軍隊試圖引汾水灌城，洪水「自延夏門甕城入，穿外城兩重注城中，城中大驚擾」[59]，至少表明在五代晚期至北宋初期，太原城的延夏門確實築有甕城。

至於「月城」，一般認為由於甕城性質呈半圓形，因此也被稱為月城。不過，最近有研究者試圖推翻此說，認為月城專門指修築於河

54 《資治通鑑》卷二五二，頁8158。
55 《新唐書》卷二二二中〈南詔傳中〉，頁6288。
56 《新五代史》卷二一〈朱珍傳〉，頁241。
57 《資治通鑑》卷二五七，頁8363。
58 《冊府元龜》卷三六九〈將帥部・攻取二〉，頁4388上。
59 《長編》卷一〇，頁222-223。

邊的半圓形城堡，而非一般認為的甕城[60]。的確，部分唐末五代的例子中，月城的確看起來與甕城無直接關係，反而與水道的關係更為密切。比如唐五代的福州城，黃滔〈大唐福州報恩定光多寶塔碑記〉裡的注就提到「壬戌歲，我公卜築其外城，號月城」[61]。這個稱之為月城的福州外城，當然不屬於甕城，而且從開運三年至四年間發生的福州之圍來看，當時吳越派兵從海路救援，登陸後與正在攻城的南唐軍隊戰鬥，月城位置應該位於臨海地帶[62]。另外從關於顯德四年後周攻淮南戰爭的記載裡，亦可以得知泗州的月城也是臨水的構築：

> 乙巳，至泗州城下，太祖率兵先攻其南，因焚其城門，遂乘勝麾軍破其水寨、月城。是夜，帝據月城樓，親冒矢石，率禁軍以攻其城。丙午，冬至，分命諸軍急攻泗州。[63]

《通鑑》顯德四年十一月乙巳條記載大致相同，而胡注云「月城者，臨水築城，兩頭抱水，形如卻月」[64]。從後周軍隊先是破壞城門後才佔領後泗州的月城和水寨的次序來判斷，月城當是修築於外城牆城門內的一道臨水城堡。

而且，甕城本來就可以是矩形或圓形，例如《武經總要》云甕城「或圓或方」[65]。從一些現有的文獻來看，有些月城也許並非臨水的堡壘。其中一個例子是五代時期的華州城。貞明六年，河中節度使朱

---

60 賈亭立：〈「月城」考辨〉，《建築與文化》2010年第9期，頁104-105。

61 黃滔：〈莆陽黃御史集〉，叢書集成初編本（上海市：商務印書館，1936年），頁327。

62 馬令撰，李建國校點：《南唐書》卷一七〈孟堅傳〉，傅璇琮、徐海榮、徐吉軍主編：《五代史書彙編》九（杭州市：杭州出版社，2004年），頁5370-5371。

63 《冊府元龜》卷一一八〈帝王部・親征三〉，頁1418上。

64 《資治通鑑》卷二九三，頁9574。

65 《武經總要》前集卷一二《守城》，頁526。

友謙叛歸晉軍，晉軍乘時「分兵攻華州，壞其外城」[66]。據《宋史》〈王易簡傳〉，由於城內百姓曾經「咸請築月城以自固」，但此時刺史尹皓卻不肯答應，在幕僚王易簡一再請求之下才修築月城，結果「外城果壞，軍民賴之」[67]。故事裡沒有詳細交代攻城過程或者月城的具體情況。雖然華州位處廣通渠河岸，不過既然當時華州守軍是在被圍攻的情況下修築月城，月城更像是一道在城內臨時修築的防衛工事，而不是在城外的臨水永備堡壘。從以上數例可知，所謂月城，其實就是一道呈半圓形的城防設施，可以是一個堡壘、或者是外城的一部分，是不是專門指臨水堡壘，似乎尚需要更充分的考察。

（三）夾城

夾城，也就是城郭的複壁。一般複壁是在建築物內部再建立一道牆，以阻隔外部空間，具有應急、隱蔽的作用。唐代時期，不少房屋府宅都有複壁的設置[68]。而在城郭設置的複壁，則一般稱作夾城。由於相較其他城防設施，涉及夾城的現存材料相對缺乏。

夾城一詞，出現時間當不晚於唐中前期的長安與洛陽。比如《唐六典》記載在洛陽都城西北隅、皇城以北的宮城，其西南有洛城南門，下注則云「洛城南門之西有麗景夾城，自此潛通於上陽焉」[69]；至於長安城，玄宗皇帝曾下令修建十王宅，「令中官押之，於夾城中起居，每日家令進膳」[70]，並且為了保護他進出新修建的興慶宮，也

---

66 《資治通鑑》卷二七一，頁8857。

67 脫脫等撰《宋史》卷二六二（北京市：中華書局，1977年），頁9064。

68 葛承雍：〈唐代「複壁」建築考〉，《文博》1997年第5期，頁67-68。

69 李林甫等撰，陳仲夫點校：《唐六典》卷七〈尚書工部〉（北京市：中華書局，1992年），頁220-221。

70 《舊唐書》卷一〇七〈玄宗諸子・涼王璿傳〉，頁3271。

「自大明宮東夾羅城複道，經通化門磴道潛通焉」[71]。從長安、洛陽城遺址考古發掘中，亦證實唐朝時期兩京夾城建築的發達程度[72]。

唐代兩都的夾城，似乎都帶有濃厚的政治意味。武周時期，洛陽麗景門設置推事院，以酷吏來俊臣審理刑獄，藉以肅清反對勢力。由於經過麗景門被審者幾乎都無一倖免，故被同為御史的王弘義戲稱為「例竟門」[73]。玄宗使諸皇子居於十王宅，又以宦官通過夾城到十王宅侍奉起居，而前引《唐六典》對通往兩都的宮城的夾城都以「潛通」來形容，因此有學者認為，君主通過夾城秘密進出宮城，方便君主在短時間內進行政治活動，有助於防範宮廷政變，使兩都的夾城具有濃厚的政治色彩[74]。

晚唐以來，各個地區軍政勢力陸續在當地州城修築夾城，應與當時的城市擴張和軍事防禦形勢有關。

在北方地區，夾城是保障城牆安全的一道城防設施。早在貞元四年，邠寧節度使張獻甫為防禦吐蕃，在寧州修築夾城[75]。天福六年，一度支持石敬瑭建立後晉政權的成德節度使安重榮發動叛亂，最終不敵前來鎮壓的晉軍，安重榮與十餘騎退入鎮州城內，以鎮州城內的居民分守夾城，但官軍從水門入城，殺守城百姓萬餘人，躲在牙城的安重榮為官軍擒殺[76]。天福九年耶律德光率兵南下河北的戰鬥中，以攻具攻擊貝州城，守城的吳巒「投薪於夾城中，繼以炬火，賊之梯衝，焚爇殆盡」，但由於軍校邵珂作為內應引契丹騎兵入城，耶律德光攻

71 《唐六典》卷七〈尚書工部〉，頁219。

72 參見曾意丹：〈洛陽發現隋唐城夾城城牆〉，《考古》1983年第11期，頁1000-1003；陝西省文物管理委員會：〈唐長安城地基初步探測〉，《考古學報》1958年第3期，頁89；馬得志：〈唐大明宮發掘簡報〉，《考古》1959年第6期，頁342。

73 《舊唐書》卷一八六上〈酷吏上・來俊臣傳〉，頁4837-4838。

74 趙雨樂：〈唐玄宗政權與夾城複道〉，《陝西師範大學學報》2004年第1期。

75 《新唐書》卷七〈德宗本紀〉，頁196。

76 《舊五代史》卷九八〈晉書・安重榮傳〉，頁1524-1525。

入城內，貝州失陷[77]。

另外，北方地區出現兩個以夾城作為攻城工事的例子。開平元年，後梁圍攻李克用潞州之戰。梁將康懷英率軍「築壘環城，城中音信斷絕」，但潞州極力抵抗，康懷英被李思安取代為梁軍行營統帥。李思安再築圍城工事，稱之為夾寨[78]。這道圍城工事，在其他史料中亦稱為夾城。例如《冊府元龜》謂「晉王率蕃漢大軍，攻下夾城，懷英逃歸，詣銀臺門待罪」[79]。足見在潞州這個案例中，夾城與夾寨基本同義。

唐後期的南方地區，包括潤州、杭州、桂州、福州、成都等地，都先後修築夾城。

從這些夾城的形制來看，部分夾城可能是當地城市擴展的產物。出身杭州八都的錢鏐在經過南方諸軍閥混戰後，控制浙江杭州一帶，並在大順元年（西元890年）閏九月在杭州城修建夾城，「環包家山洎秦望山而回，凡五十餘里，皆穿林架險而版築焉」；景福二年，錢鏐徵發民夫及十三都軍士修築杭州羅城，「自秦望山由夾城東亘江干洎錢塘湖、霍山、范浦，凡七十里」[80]。夾城修築的時間要比羅城早。據現存《淳祐臨安志》輯本所載，包家山與秦望山都在在宋代杭州城南附近，當中秦望山周回十里一百步，而杭州城自唐宋時代的都位處在鳳凰山以西[81]，當在舊城牆垣外的區域。另外，唐末桂州夾城據說

---

77 《舊五代史》卷九五〈晉書・吳巒傳〉，頁1477。

78 《舊五代史》卷二六〈唐書・武皇紀下〉，頁414。

79 《冊府元龜》卷四四三〈將帥部・敗衄三〉，頁5263上。

80 錢儼撰，李最欣校點：《吳越備史》卷一，傅璇琮、徐海榮、徐吉軍主編：《五代史書彙編》十（杭州市：杭州出版社，2004年），頁6176-6180。

81 施諤撰，阮元輯：《（淳祐）臨安志》卷八〈山川〉，宛委別藏本（南京市：江蘇古籍出版社，1988年），頁162-164。至於杭州城址的位置，同書卷五〈官宇〉曰「舊在鳳凰山之右，自唐為治所」。現代有研究者則主張夾城位於西湖的東南方，秦望

「增崇氣色，殿若長城，南北行旅，皆集於此」[82]，說明夾城應該是進出桂州城內的必經之路，從而變成商旅聚集地。

當然，夾城不僅擴展了城市範圍，而且與軍事用途有關。明顯的例子有福州夾城。南宋《淳熙三山志》記夾城形似圓月，並且是剛好夾著舊城牆的南北兩端；夾城設有七十座樓櫓，又修築懸門、水門、城壕等城防設施[83]。潤州似乎也有以軍事防禦為主的夾城。《唐語林》記鎮海節度周寶曾在治所潤州築夾城，似乎也與防衛潤州府衙有關[84]。

（四）馬面

馬面是指城牆每隔一段距離突出的部分。宋人認為城牆的馬面修築得比較突出、距離越近的話，守城方射擊與投石的覆蓋範圍就越全面：

> 若馬面長則可反射城下攻者，兼密則矢石相及，敵人至城下則四面矢石臨之。須使敵人不能到城下，乃為良法。[85]

現代學者指出，馬面可以讓守城方從不同角度反射城下攻城者，以減少城頭上防禦者射擊死角為目的，形成密集的側射防禦系統[86]。

山即今天杭州鳳凰山以南的將臺山，夾城當從將臺山、鳳凰山山脊興建，詳見李志庭：〈唐末杭州城垣界址之我見〉，《杭州大學學報》1996年第4期，頁58-60。

82 莫休符著：《桂林風土記》，叢書集成初編版（上海市：商務印書館，1936年），頁5。

83 《(淳熙)三山志》卷四〈地理類四〉，頁7817。

84 王讜撰，周勛初校證：《唐語林校證》卷七（北京市：中華書局，2008年），頁672。

85 沈括撰，金良年點校：《夢溪筆談》（北京市：中華書局，2015年），頁109。

86 鍾少異：《中國古代軍事工程技術史（上古至五代）》，頁516。

雖然唐五代文獻材料似乎甚少提及馬面，但從現存的考古挖掘中，就發現一些唐城遺址有馬面痕跡。例如學者在揚州城遺址的挖掘中，就發現兩座可能在五代晚期時期以城磚包砌、南北長十五米、東西寬約九米的馬面。考古學家認為這道五代時期的城牆，城磚多用從唐代舊羅城拆下的城磚，而且修築規模較唐城小，推斷是顯德五年後周世宗攻下揚州後重修的城牆[87]。

（五）其他城防設施

除了上述羊馬城、甕城、夾城、馬面、護城河等城防設施，還有其他城防設施。《武經總要》云「凡城上皆有女牆，每十步及馬面，皆上設敵棚、敵團、敵樓」[88]。所謂女牆，或被稱為垛口、雉堞等，是城頭上呈連續「凸」字型的矮牆，城上守軍防禦時借此掩護[89]。城上的所謂敵棚、敵團及敵樓，以供作戰指揮及瞭望之用，即《虎鈐經》曰「卻敵臺上建候樓，以跳板出為櫓，與四外烽戍晝夜瞻視，以備警急」[90]。

文獻材料中不乏唐末時期以後涉及地方官員修築敵樓的記載。唐昭宗天復二年八月，錢鏐建設杭州羅城時，曾誇讚城上設有大量敵樓「十步一樓，可以為固矣」，胡三省注釋曰「樓，謂城上敵樓也」[91]。據《咸淳毗陵志》載，常州城在北宋太平興國初年「詔撤禦敵樓、白

87 中國社會科學院考古研究所揚州城考古隊、南京博物院揚州城考古隊、揚州市文化局揚州城考古隊：〈揚州宋大城西門發掘報告〉，《考古學報》1999年第4期，頁489-490、514-515。

88 《武經總要》前集卷一二《守城》，頁525。

89 賈亭立、陳薇：〈中國古代城牆的垛口牆形制演進軌跡〉，《東南大學學報》2012年第2期，頁435-439。

90 許洞：《虎鈐經》卷六〈築城〉，《中國兵書集成》第6冊，影印李盛鐸藏明刻本（北京市：解放軍出版社、瀋陽市：遼瀋書社，1992年），頁117。

91 《資治通鑑》卷二六三，頁8579。

露屋，惟留城隍、天王二祠、鼓角樓」，表明了常州羅城上在入宋以前不僅已有敵樓和白露屋，也有鼓樓作預警用途，其子城也「上有禦敵樓、白露屋，偽吳順義中刺史悰增築，號金斗城」[92]，意味羅城與子城均設有相當周密的城防設施。又如唐末大順年間撫州南城縣的羅城，據報「露屋一千一百三十間，敵樓三十三所」[93]。後周平慕容彥超兗州之戰記載，便提及了攻城方攻擊兗州城的敵樓，「發火燒毀城敵樓七十間」[94]。從後周攻城部隊使用火攻來看，敵樓應該是以木結構為主。

為了增加對攻城方的殺傷力，特別是針對護城河以外或較遠端的打擊目標，守城方在城牆外還可修築弩臺，使守城方能在高處部署弩手進行防禦。《虎鈐經》對弩臺的描述謂「高下與城等，去地百步，每臺相去亦如之」，「上建女牆，內通暗道，安屈膝梯，人上便卷收之，中設幕，置弩手五人，備糧水火」[95]。殷文圭《後唐張崇修廬州外羅城記》載，廬州城「建造羅城門十三所，及大弩樓都共四十四所」[96]，說明了牆上築有弩樓，使守軍能放置弩向城下敵軍射擊。

結語

本章通過對唐五代時期城牆的建築以及各種城防設施的梳理，我們可以歸納出以下認識：

一、戰爭推動築城活動。在九世紀中後期及十世紀城市攻防戰盛

---

92 《(咸淳)毗陵志》卷三〈地理三·城郭〉，頁1982下。

93 刁尚能：〈唐南康太守汝南公新創撫州南城縣羅城記〉，董誥等編《全唐文》卷八一九（北京市：中華書局，1983年），頁8624上。

94 《冊府元龜》卷三六九〈將帥部·攻取第二〉，頁4390。

95 《虎鈐經》卷六〈弩臺〉，頁121。

96 《全唐文》卷八六八，頁9094下。

行，城市成為各個軍閥之間的進攻目標，各地築城活動漸趨活躍，當中不少地方軍閥或政權增修羅城，而一些原來缺乏城牆的城市亦開始築有城牆。城市攻防戰對促進地方城市築城活動的作用，可謂不言而喻。

二、城防設施方面，儘管唐前期的時候不少城防設施已經面世，壕溝、甕城、羊馬城和夾城等都不是唐後期才出現的新事物，但由於內地很長時間處於和平狀態，意味當時內地城市的城防設施得到充分利用的機會。唐末五代十國時期，城市攻防戰的頻頻發生，迫使人們重視城防設施的修築。

第三章
唐末五代十國時期的攻防術

上一章對各種城防設施的論述，目的是展示當時各軍政勢力為應付頻繁的城市攻防戰所掌握築城技術。攻防技術是城市攻防戰發達與否的一個具體反映。如果攻城者掌握較為變化多端的攻城技術，則守城者即需要對城防技術更為重視，從而推動了整體攻防技術的發展。本章對唐末五代時期各種攻守城術的梳理與考察，以揭示當時城市攻防戰之情況。為方便論述，亦會引用部分晚唐以前和北宋初年的戰例，以助於闡釋唐末五代時代攻防技術的演變。

一　弓與弩

對於攻守雙方來說，弓與弩都是必不可少的射遠武器。歷代以來，弩都是城市攻防戰鬥中的雙方用以殺傷的武器。但無論從操作以及殺傷的角度來看，兩者都存在一定差異。

首先，弩的操作比弓簡易，弩手容易達到較高的命中率，這是由於弩有幾個部件幫助：「牙」是勾住弓弦的部件，裝於「郭」（匣狀）內，而下面設有「懸刀」，相等於現代槍械的扳機，此外，弩臂裝有幫助瞄準的「望山」，望山之側有刻度，用以調整射擊的角度。弩的結構讓弩手把安箭和放箭分拆為兩個動作：弩手根據弩的裝置結構特點，利用臂力、手腳腰力並用或者弩的機械裝置張弦和安放箭鏃，然後透過調整望山以瞄準目標，因而維持一定程度的命中率，不需要操作者掌握過於複雜的發射技術。相反，弓手在發射的時候要同時用力張弦和瞄準目標，弓手持弓的手與張弦的手往往難以保持穩定，隨著體能下降，弓手便無法多次重複拉弦，從而制約放箭的準確性，加上有些弩具備同時發射多支弩矢的功能，在節省人力的情況下造成密集射擊的效果[1]。

第二，弩雖然脫胎自弓，但其穿透力強，射程遠，乃弓所不及。傳統上弩雖然種類繁多，但實際自漢朝以來，弩可按照腳蹬、腰引、絞車等張弦方法，無需單純依靠操作者的臂力，弩的強度也因此遠超於弓[2]。例如唐中葉時期編撰、反映唐代中前期情況的《通典》便記載一種是操作時需要透過絞動輪軸張弦的車弩：

> 為軸轉車，車上定十二石弩弓，以鐵鉤繩連，車行軸轉，引弩弓持滿弦。牙上弩為七衢：中衢大箭一，鏃刃長七寸、廣五寸，箭簳長三尺、圍五寸，以鐵葉為羽；左右各三箭，次小於中箭，其牙一發，諸箭齊起，及七百步。所中城壘，無不摧隕，樓櫓亦顛墜。[3]

至於用於守城的絞車弩似乎也是以相同原理操作：

> 以黃連桑柘為之，弓長一丈二尺，徑七寸，兩弰三寸，絞車張之，大矢自副，一發，聲如雷吼，敗隊之卒。[4]

1 李約瑟、葉山著，鍾少異等譯：《中國科學技術史》第五卷《化學及相關技術》第六分冊《軍事技術：拋射武器和攻守城技術》，頁91-121。

2 同上注，頁91-92。

3 《通典》卷一六〇〈兵十三・攻城戰具〉，頁4110。孫機《床弩考略》認為宋代的床弩，就是繼承自唐代的車弩，因此把《通典》中的車弩視為床弩的一種。

4 《通典》卷一五二〈兵五・守拒法〉，頁3895-3896。

總的來說，弩矢的穿透力優於弓矢。說明唐末五代弩箭從穿透力的最好例子，莫過於顯德年間後周圍攻壽州之役。當時趙匡胤乘皮船在城壕，壽州城上的南唐守軍「車弩遽發，矢大如椽」，趙匡胤帳下的張瓊以身掩護趙匡胤，遭「矢中瓊股，死而復蘇。鏃著髀骨，堅不可拔」，結果他「索杯酒滿飲，破骨出之，血流數升，神色自若」[5]，可見由南唐守軍車弩所發射弩箭的穿透力。

第三，發射頻率方面，弓顯然要比弩優勝。雖然弩的射程、穿透力乃至操作便利程度優於弓，但正是由於弩的力量比較強大，所需要的張弦時間比較遲緩，並不適合運動迅速的騎兵使用。要發揮其威力，只能依託防禦工事或借助嚴密的列陣，在手持長兵器的士兵和騎兵的掩護下使用[6]。宋人編纂的《太平御覽》，就收錄了唐人王琚《教射經》涉及弩用法的內容：

> 趙公王琚《教射經》曰：……弩張遲，臨敵不過三發，所以戰陣不便於弩。非弩不利於戰，而將不明於弩也。不可雜於短兵，當別為隊，攢箭注射，則前無立兵，對無橫陣，復以陣中張，陣外射，番次輪迴，張而復出，射而復入，則弩不絕聲，敵無薄我。夫置弩必處其高，爭山奪水，守隘塞口，破驍陷果，非弩不尅。[7]

王琚其人，大抵活躍於玄宗開、天時期，《舊唐書》有傳[8]。而成書於天寶時期的《太白陰經》以及安史之亂以後成書的《通典》，基

5　《宋史》卷二五九〈張瓊傳〉，頁9009。

6　楊泓：《中國古兵器論叢（增訂本）》，頁226-227。

7　李昉等編：《太平御覽》卷三四八〈兵部〉「弩」條（北京市：中華書局，1960年），頁1605上。

8　《舊唐書》卷一〇六〈王琚傳〉，頁3250-3251。

本沿用所謂王琚《射經》的內容，或者說三者有著同樣的來源，反映弩在八世紀初以後的應用情況[9]。其內容大意謂弩手應該揚長避短，不混雜使用其他短兵器，而且是獨立組成戰鬥小隊，實施輪番施射，依託於包括城郭、關隘等陣地使用弩，以發揮弩的最大效能。

隨著唐末五代時期城市攻防戰盛行，弩的優點正好符合城市攻防戰裡攻守雙方的作戰需要，弩成為攻守雙方必不可少的武器。當中不少例子是守軍以弩射擊退來犯攻城的敵軍。比如，咸通三年，南詔軍隊圍攻交州，安南都護蔡襲死守交州城，在城上「以車弩射得望苴子二百人，馬三十餘匹」[10]，唐軍所用的就是射程較遠的車弩。開平二年，晉軍試圖進攻澤州城，後梁守將牛存節率領守軍對攻城的晉軍「以勁弩射之，中者人馬皆洞」[11]。乾化三年，後梁圍攻廬州，據報廬州城守軍當時為了擊退汴軍，也曾在城上使用勁弩[12]。

至於在攻城作戰中，攻城方除了從城下仰攻，防備敵方援軍時也需要使用射遠武器，能作長距離殺傷的弩自然是攻城方倚重的武器。龍德元年，王彥章及段凝以十萬兵力急攻晉軍控制的楊劉城，為防止李存勗派遣的援軍接近，攻城梁軍又「連延屈曲，穿掘小壕，伏甲士於中」，當李存勗的援軍抵達時「則弓弩齊發」[13]。攻擊方利用地形或者構築物遮蔽，而且和弓一起部署配合使用，似乎意圖憑藉工事實施密集射擊，以彌補弩發射效率低的缺點。

唐末至五代時期城市攻防戰的發達，也促使軍隊重視弩射技術，從而推進北方弩技術的發展。中和三年六月，黃巢與秦宗權的聯軍攻

---

9 有關《太白陰經》的成書情況，參見郭紹林：〈唐代文人李筌的兵書《太白陰經》〉，《西安外國語學院學報》2002年第2期。

10 樊綽撰，向達校注：《蠻書校注》（北京市：中華書局，1962年），頁101。

11 《舊五代史》卷二二〈梁書・牛存節傳〉，頁343。

12 殷文圭：〈後唐張崇修廬州外羅城記〉，《全唐文》卷八六八，頁9095。

13 《舊五代史》卷二九〈唐書・莊宗紀三〉，頁462。

圍陳州。當時陳州城府庫「舊有巨弩數百枝，機牙皆缺，工人咸謂不可用」，但弩經過陳州刺史趙犨弟珝的臨時改裝後，「矢激五百餘步，凡中人馬，皆洞達胸腋，群賊畏之，不敢逼近」[14]。與沙陀李氏的激烈鬥爭中，唐末五代初年朱溫的軍隊似乎相當重視弩的使用。據宋人陶穀記載，汴軍宣武廳子都配備大型的弩砲：

> ……尤勇悍，其弩張一大機，則十二小機皆發，用連珠大箭，無遠不及。晉人極畏此，文士戲呼為急龍車[15]。

陶穀強調使沙陀人畏懼的弩的是一種多矢弩，並未言及其具體用途，但無論結構或多矢發射的性能，都與上文提及李筌《太白陰經》所介紹的車弩頗為相近，我們可以推測汴軍使用這種令晉軍畏懼弩的場合，恐怕就是指這種包括城市攻防在內的陣地戰。

當然，南方地區弩手的實力也不容小覷，其實戰表現在唐末五代時期城市攻防戰裡也是有目共睹的。開平二年至三年，楊吳軍隊圍攻蘇州，楊吳將領鄭璠在攻城過程中「左脅中弩幾死」[16]，意味著據守蘇州的吳越守軍配置了相當熟練的弩手。不僅是江淮一帶依然保留了弩手的傳統，其他南方地區也不乏擅長弩射的軍人。例如在天成三年，南漢國主劉龔為了解救被楚國舟師圍困的封州，派遣三千名弩兵前赴救援，當南漢弩兵抵達封州城後，就夾水向被鐵索所困的楚國戰艦射擊，擊退來犯的楚國軍隊[17]。由是可見，南漢弩手部隊不僅規模相當龐大，而且在戰役中亦擔當重要角色。

---

14 《舊五代史》卷一四〈梁書·趙珝傳〉，頁224。

15 陶穀撰：《清異錄》卷下〈武器門〉，《全宋筆記》第一編第二冊（鄭州市：大象出版社，2003年），頁93。

16 《九國志》卷二〈鄭璠傳〉，頁3253。

17 《九國志》卷九〈蘇章傳〉，頁3330。

二　拋石機

拋石機，即史料中所稱的「砲」、「礮」或「碻車」，是攻城方最常用於破壞城牆和城中軍民設施的遠距離投射性武器。即使無法使城牆嚴重損壞，也可造成守城方的人員傷亡。在三國時期，曹操軍隊在官渡之戰中所利用的拋石機就很著名，史載袁紹「為高櫓，起土山，射營中，營中皆蒙楯，眾大懼」，於是曹操「乃為發石車，擊紹樓，皆破，紹眾號曰霹靂車」[18]，就是歷史上使用拋石機的著名例子。

有關拋石機的結構和種類，《太白陰經》就介紹：

> 砲車，以大木為床，下安四輪，上建雙陛，陛間横栝，中立獨竿，首如桔槔狀，其竿高下長短大小，以城為準，竿首以窠盛石，小大多少，隨竿力所制，人挽其端而投之，其車推轉逐，便而用之，亦可埋腳著地而用，其旋風四腳，亦隨事用之。[19]

砲車是底部安裝四個輪子，由人力牽引拋射竿，以離心力把裝在拋射竿末端皮窩的石彈拋射出去。「亦可埋腳著地而用，其旋風四腳，亦隨事用之」一句語焉不詳，但如果參照《武經總要》，則可知所謂旋風，當指支柱埋於地的拋石機，通常稱之為旋風砲；而其他諸如單梢砲、雙梢砲等則是安裝在固定的四腳支架的拋石機[20]。用現代科學的話語來解釋，拋石機無論出現哪一種形式，都是利用槓杆原理操作的機械[21]。當然，拋石機同時也用於防禦用途上。例如《通典》記載，

---

18 陳壽撰：《三國志》卷六〈袁紹傳〉(北京市：中華書局，1959年)，頁199。
19 《太白陰經》卷四〈戰具類．攻城具篇〉，頁516。
20 《武經總要》前集卷一二〈守城〉，頁593-608。
21 鍾少異：《中國古代軍事工程技術史（上古至五代）》，頁488-491。

「敵若推輪排來攻，先以抛打，手抛既眾，所中必多，來者被傷，力不齊矣」[22]，有研究者認為這是一種用於守城的小型抛石機[23]。

在中唐以前，抛石機似乎更多被唐人視為攻城利器。例如貞觀十九年（西元645年）征遼東的戰爭中，唐軍對高麗的城市採取強攻戰術，抛石機成為破壞高麗城牆的利器：圍攻遼東城時，唐軍「飛大石過三百步，所當輒潰」，即使高麗守軍「積木為樓，結絙罔，不能拒」[24]；對安市城的圍攻戰鬥中，唐軍「衝車砲石，壞其樓堞」，高麗守軍「城中隨立木柵以塞其缺」[25]，更多的是強調抛石機在攻城作戰中的作用和對城牆的破壞力。安史之亂以後，抛石機再度出現於一些守城作戰。例如，至德二載，史思明將十萬兵攻太原，唐將李光弼當時「麾下卒不滿萬」，於是「徹民屋為擂石車」，而這種據說需要以二百人操作的抛石車似乎對城外攻城叛軍造成頗大殺傷，「石所及輒數十人死，賊傷十二」[26]。

觀乎唐末五代諸城市攻防戰役，抛石機更是守城軍所倚重的武器，史籍的記載往往強調其對攻城人員的殺傷。廣明元年（西元880年）十二月，黃巢起義軍攻潼關，守關的唐軍「矢盡，飛石以射」，作最後的抵抗[27]。後梁開平元年，楊吳將米志誠攻潁州。當時楊吳軍將王輿「使劍倚柵木，驅士攻城」，城中抛石擊中其柵，並擊碎王輿所穿鎧甲，而王輿居然沒有受傷[28]，也許擊中王輿鎧甲的可能只是抛石擊中木柵後的碎片。又後梁貞明二年發生的晉攻後梁洺州之戰，晉

---

22 《通典》卷一五二〈兵五．拒守法〉，頁3898。

23 吉辰：《隋唐時期的抛石機：形制、性能、實戰與傳播》，頁169-170。

24 《新唐書》卷二二〇〈東夷．高麗傳〉，頁6191。

25 《資治通鑑》卷一九八，貞觀十九年九月條，頁6229。

26 《新唐書》卷一三六〈李光弼傳〉，頁4585。

27 《新唐書》卷二二五下〈逆臣下．黃巢傳〉，頁6457。

28 馬令《南唐書》卷九〈王輿傳〉，頁5326。

將侯益在攻打洺州城時為守軍「機石傷足」，後唐莊宗李存勗「親以藥傅其瘡」[29]，也是強調拋石機對進攻方人員的威脅。

而對唐末五代時期不少參與攻城作戰的將士來說，單憑拋石機已經難以對城牆造成致命的破壞。唐五代以來城池結構越趨堅固。以當時的太原城為例，作為李淵創業的根據地，一直都是一個易守難攻的堡壘。而自從李克用在唐末入主以來，太原也沒有被攻破的記錄。清泰三年後唐攻打晉陽一戰，後唐將領張敬達雖「設長城連柵，雲梯飛砲，使工者運其巧思，窮土木之力」，但當時「暴風大雨，平地水深數尺，而城柵崩墮，竟不能合其圍」[30]。顯德元年，後周世宗攻北漢太原之戰中，也未能攻下城池[31]。當時世宗首先命軍隊「城之四面設洞屋飛砲之具」，繼而數次「命諸軍飛砲以擊城」，但是城牆並沒有嚴重損壞的跡象，世宗最終無功而還[32]。正因如此，有研究者認為，隋唐時期拋石機的作用是破壞城上的城堞，以打擊城上守軍的守城活動，而並非直接在城牆上打破缺口讓攻城者突入[33]。

雖然拋石機未必能直接在城牆上打開缺口，有時候卻可以作精準打擊或者起到震懾作用。北宋《武經總要》曰：「若遇主將自臨，度其便利，以強弩叢射，飛石並擊，斃之，則軍聲阻喪，其勢必遁」[34]，則攻擊的重點是敵軍的主將。恰好的是，唐末五代十國時期的真實戰鬥中也不乏這樣的例子。例如景福元年，王建派兵圍攻彭州，符昭奉命救援。當符昭解彭州圍後，屯駐於三學山，有直趨成都之勢，王建因此召喚當時正參與攻城的華洪截擊。華洪在符昭營外「多設更鼓」

29 《宋史》卷二五四〈侯益傳〉，頁8879。

30 《舊五代史》卷七〇〈唐書・張敬達傳〉，頁1088。

31 《資治通鑑》卷二九一，頁9510。

32 《冊府元龜》卷一一八〈帝王部・親征三〉，頁1415。

33 吉辰：《隋唐時期的拋石機：形制、性能、實戰與傳播》，頁171。

34 《武經總要》前集卷一二〈守城〉，頁524-525。

和在山谷中「益張旗幟」以虛張聲勢，使符昭不敢出戰，並且「命發機石，擊昭營中，聲震山谷」，嚇得符昭乘夜遁逃[35]。以上兩例，都不是以摧毀城牆為目的，但其對打擊敵人心理的意圖卻十分明顯。

同時，隨著各地持續處於戰爭狀態，城池防禦組織能力日趨提高，改進了防禦拋石的方式。傳統防禦拋石機的方法，是守城方以布縵吸收拋石對城牆的衝擊力。例如《通典》記「覆布為之，以若竿懸掛於女牆外，去牆外七八尺，以折拋石之勢，則矢石不復及牆」，或者「懸生皮氈毯等袋，以乘其石」[36]。貞觀十四年征服高昌國的戰爭中，唐軍在圍攻田地城的戰鬥裡以拋車向城牆裡拋擊石塊，據說被擊中者「無不糜碎」，雖然有些守城者試圖「或張氈被，用障拋石」，卻沒有奏效，反而「不復得立」，唐軍也因此攻入城內[37]，也難怪有研究者認為，以軟物吸收拋石撞擊力的方法，功效存疑[38]。

但從唐末五代時期的戰例來看，似乎當時的軍隊已經改良這種防禦方式了。例如開平二年至三年間，楊吳圍攻由吳越錢氏控制的蘇州，楊吳軍隊在使用洞屋攻城不果後，又嘗試「縱巨石擊城，聲如雷」，從「城中大懼」的描述來看，拋石機有相當威力，只是守城的吳越將領孫琰「乃盡取公私繩結網，用巨木張之，蔽於城屋。石之墜者，悉著網中」，楊吳軍隊的攻城戰術沒有得逞[39]。與此前提及《通典》以覆布和唐初高昌田地城守軍以氈被的技術比較，吳越守軍以結網阻擋拋石的作戰效率更勝一籌，也是防禦技術進步的具體表現。

---

35 《九國志》卷六〈王宗滌傳〉，頁3286。

36 《通典》卷一五二〈兵五・拒守法〉，頁3896-3898。

37 《舊唐書》卷六九〈侯君集傳〉，頁2510-2511。

38 吉辰：《隋唐時期的拋石機：形制、性能、實戰與傳播》，頁171。

39 范成大撰，陸振岳校點：《吳郡志》卷五〇〈雜志〉引《備史遺事》（南京市：江蘇古籍出版社，1999年），頁664-665。

三　其他攻城器具

弓弩與抛石機固然可以殺傷守城人員、掩護攻方人員攻城，以及對部分比較脆弱的城牆起到破壞作用，但如果真正要攻佔城池，還是無可避免的面對城牆與城壕等人為障礙。為了克服這些障礙，攻城方就不得不借助一些器具。《墨子》裡便記載有「臨、鉤、衝、梯、堙、水、穴、突、空洞、蟻傅、轒轀、軒車」等各式各樣的攻城方法[40]，但如果按其實際作用分類，則可分為填平城壕、攀越城牆、地道越過城牆、摧毀城牆及城門等原則，其中決河灌城以及通過地道入城等方式不涉及大型攻城器具。

然而，史籍對城市攻防的器具之敘述僅僅以「攻具」作比較空泛的指稱。例如《隋書》〈李密傳〉記武德元年（西元618年）宇文化及攻黎陽倉城，記宇文化及「盛修攻具，以逼黎陽倉城」，然後李密「領輕騎五百馳赴之。倉城兵又出相應，焚其攻具，經夜火不滅」[41]。武德六年，突厥頡利可汗攻馬邑，頡利「以高開道善為攻具，召開道，與之攻馬邑甚急」[42]。這些比較粗略的描述，增加了後世認識唐五代城市攻防戰所用攻具的難度。

不過，自安史之亂以來，與攻城攻具相關的敘述變得更為具體，至少我們可以從中得悉究竟攻城方在戰鬥中使用了哪些種類的攻具。至德元載，安史叛軍將領阿史那承慶攻潁川，「為木驢、木鵝，雲梯衝棚，四面雲合，鼓噪如雷，矢石如雨，力攻十餘日」[43]。雖然文中

40 岑仲勉：《墨子城守各篇簡注》（子）備城門第五十二（北京市：中華書局，1987年），頁1。

41 魏徵等撰：《隋書》卷七〇〈李密傳〉（北京市：中華書局，1973年），頁1631。

42 《資治通鑑》卷一九〇，武德六年十月條，頁5973。

43 《舊唐書》卷一八七下〈忠義下・薛愿傳〉，頁4899。

並未言及這些攻具的使用情況，但翻查《通典》，木驢與雲梯都有比較清晰的具體用途。有關木驢，《通典》記：

> 以木為脊，長一丈，徑一尺五寸，下安六腳，下闊而上尖，高七尺，內可容六人，以濕牛皮蒙之，人蔽其下。舁直抵城下，木石鐵火所不能敗，用攻其城。謂之「小頭木驢」。

而對於雲梯，《通典》則云：

> 以大木為床，下置六輪，上立雙牙，牙有檢，梯節長丈二尺；有四桄，桄相去三尺，勢微曲，遞互相檢，飛於雲間，以窺城中。有上城梯，首冠雙轆轤，枕城而上。謂之「飛雲梯」。[44]

從以上兩條《通典》的描述，基本解釋了攻具名稱的緣由，比如木驢則上窄下寬，亦可以想像與驢子外形相似。木驢外包濕牛皮，以掩護城下從事攻城破壞工作的人員免受守軍所拋下的木、石等物質的傷害，而雲梯則裝有車輪，可以讓攻城人員推至城下，藉此攀上城牆，而所謂的飛雲梯，當為古代常見攻城器具。有研究者推測是雲梯主梯外增設的活動副梯，其頂端安裝的轆轤，大抵是攀城時在牆壁面上自由上下推動[45]。發生在安史之亂期間、並為後世所知的睢陽之戰，也涉及上述所提的攻具。據《新唐書》〈張巡傳〉記載，叛軍「以雲衝傅堞，巡出鉤干拄之，使不得進，篝火焚梯。賊以鉤車、木馬進，巡輒破碎之」[46]。文中提及叛軍用以攀上城牆的雲衝，當指雲梯與衝

---

44 《通典》卷一六〇〈兵十三．攻城戰具〉，4110頁。

45 藍永蔚：〈雲梯考略〉，《江漢考古》1984年第1期，頁83。

46 《新唐書》卷一九二〈忠義中．張巡傳〉，頁5538。

梯，因此張巡才以鉤竿試圖把攻城梯推開，阻止他們爬上城。

迄至唐末五代時期，當時各地軍閥軍隊也似乎對包括攻城梯等看似簡單的攻城器具或手段頗為重視。天復二年六月，楊行密發兵攻宿州，當時守城的汴將袁象先由於援兵尚未到達，只能依靠城內的守備力量防禦，而楊吳軍隊攻城的手段主要是「急攻其壘，梯衝角進」[47]。攻城梯能讓攻城士兵攀登城堞，而衝車則運載士兵到城下進行各種攻堅活動。史書以「角進」來形容雲梯和衝車，則見攻城者的確大量投入了攻城器具攻堅。又例如後晉開運元年八月，後晉將作使周仁美「獻三接雲梯，懸空橋梁，高三百餘尺」[48]。所謂「三接雲梯」，也許是擁有伸縮功能，並可懸在空中架橋在城牆上。周仁美上獻如此龐大的雲梯，至少說明當時還是有人熱衷於攻城梯技術的改進。

其他諸如高樓、棚車、洞屋之類的攻具，似乎較雲梯更受到當時敘事者的重視。

高樓是攻城方在城外窺探城內情況的器具。早於貞觀十四年征服高昌的戰爭中，唐軍為提高拋石的命中率，更「為十丈高樓，俯視城內，有行人及飛石所中處，皆唱言之」[49]。又如史思明攻李光弼太原之戰，思明「為飛樓，障以木幔，築土山臨城」[50]，所謂飛樓，也應該與高樓類同。唐末五代時期壽州據報遭到朱溫圍攻的戰鬥中，朱溫的軍隊試圖「又為棚車載兵，以臨城上」[51]。究竟棚車結構如何，史

47 《舊五代史》卷五九〈唐書・袁象先傳〉，頁921。

48 《冊府元龜》卷一二四〈帝王部・修武備〉，頁1493。

49 《舊唐書》卷六九〈侯君集傳〉，頁2511。

50 《新唐書》卷一三六〈李光弼傳〉，頁4585。

51 史溫：〈釣磯立談〉，《全宋筆記》第一編第四冊（鄭州市：大象出版社，2003年），頁230。馬令：《南唐書》卷九〈高審思傳〉載高審思曾以軍將身分參與劉信征服虔州一役，並把壽州得以力抗後周世宗圍攻的原因歸功於他擔任壽州節度使時期增修城牆武備的努力，卻沒有說明他何時主政壽州（頁537）。而據同書卷一〈先主書〉，高審思卒於南唐昇元六年（西元942年）（頁5263）。按《資治通鑑》卷二六七

無明文，但既然用於居高臨下觀察城中情況，也大抵與高樓、飛樓的作用相似。

至於洞屋，又稱洞子，更是五代十國時期一種相當常見的攻城攻具。太平興國二年（西元977年），北宋軍隊圍攻太原，「以牛革為冒上，士卒蒙之而進，為之洞子」[52]。宋初去五代不遠，由此可知五代時期洞屋表面與其他攻具一樣，是以動物皮革包裹。洞屋的主要用途是保護在裡面的攻城士兵。比如顯德三年後周將領李繼勳「領兵於壽州之南構洞屋以攻其城」，但由於其「怠於守禦」，守軍得以乘虛「犯我南洞子」，導致數百名後周攻城士卒在這次戰鬥中陣亡[53]。而根據《新五代史》所記，顯德五年後周軍隊兵臨楚州城下，後周世宗「親督兵以洞屋穴城而焚之」，由此可知洞屋實際用於掩護從事挖掘地道的士兵[54]。由於洞屋外表以皮革保護，守城軍不能直接以弓弩放矢對付，因此要破壞藏在洞屋裡士兵的行動，就先要揭開外皮。後梁開平初年的蘇州之圍，吳軍以洞屋攻城，城內的吳越守將孫琰製造了「上著大輪盤」的長竿，然後「載大鐵渴烏引半繩運出城外」，吳越守軍得以「反其洞屋，鼓噪而揭去之」，使裡面的攻城兵暴露於守軍投射矢石的範圍內[55]。

值得注意的是，由於當時的攻城攻具大多以木材建造，因此，攻城者除了面對守城者使用器械和投射性武器的危害，還有可能遭到來

記載，壽州在顯德二年至三年間遭到後周圍攻以前最晚的攻襲行動，已經是在開平二年十一月後梁對楊吳的軍事行動（頁8706）。但開平二年的攻擊是否就是《釣磯立談》所記載的攻城戰，待考。

52 《宋史》卷二六〇〈李漢瓊傳〉，頁9020。《武經總要》後集卷二言「以牛革為洞屋，猛士數百蒙以攻城上」云云，與《宋史》大致相同。

53 《冊府元龜》卷四四三〈將帥部・敗衄三〉，頁5266上。

54 《新唐書》卷六二〈南唐世家〉二，頁775。

55 《吳郡志》卷五〇〈雜志〉，頁664。

自守城者的縱火焚毀。後晉開運元年正月，契丹南侵大軍攻圍貝州，契丹耶律德光更「躬率步奚及渤海夷等四面進攻」，迫使守城的吳巒與守軍「投薪於夾城中以炬火」，契丹攻具被大量焚毀[56]。上述的後周攻南唐壽州之戰中，李繼勳所建造的洞屋，也是「悉為賊所焚」[57]。以上各個案例，似乎說明攻城攻具多以木為材質。

既然不少攻具都已經過特別處理的動物皮革包裹以防火阻燃、減少直接燃燒的機會。那麼，守城方如何針對這種情況？

一種是設法揭露攻具表面的保護皮革層。前述唐末時期朱溫部隊攻打壽州之戰中，守城的高審思指導守城兵機智抵抗，於是「城中飛竿起火，隨方而焚之立盡」[58]，可見搭載攻城士兵的棚車應該是以木質結構為主。

另一種就是以油脂或蠟等助燃物質。根據《通典》的介紹，守城人可以燕尾炬、鐵汁等對付城下攻城者：

> 燕尾炬，縛葦草為之，尾分為兩歧，如燕尾狀，以油蠟灌之，加火，從城墜下，使人騎木驢而燒之。
> ……行爐，鎔鐵汁，舁行，以灑敵人。
> ……若木驢上有牛皮并泥，敦著即舉，速放火炬，灌油燒火。[59]

從以上《通典》引文所見，守軍對付攻城的敵人是，並不是簡單的以薪火往拋往城下，而是以油脂或蠟助燃，不僅針對攻具上的皮革或泥巴保護層，也灑向攻城兵，以增加殺傷力。

---

56 《舊五代史》卷九五〈晉書・吳巒傳〉，頁1477。

57 《冊府元龜》卷四四三〈將帥部・敗衄三〉，頁5266上。

58 《釣磯立談》，頁230。

59 《通典》卷一五二〈兵五・拒守法〉，頁3896-3899。

至唐末五代時期，也有一些守城方明顯以油脂焚燒攻城者攻具的案例。咸通十一年，南詔圍攻成都，「合梯衝四面攻成都」，唐朝的守軍「以鉤繯挽之使近，投火沃油焚之，攻者皆死」[60]。貞明三年，契丹圍攻幽州城，並在漢人盧文進的指導下建造攻具與修築土山及地道，城中守軍「鎔銅鐵汁揮之，中者輒爛墮」[61]。貞明五年四月，後梁將賀瓌以艨艟戰艦圍攻德勝南城，晉將氏延賞在城中儲蓄芻草，因此守軍在攻城兵逼近時，「乘城束蘊灌膏，燔焰勝天」[62]。

四　土山與地道

軍隊除了使用各種器械摧毀或翻越城牆，也需要利用土山和地道。所謂土山，即攻城軍在城外修築人工堆積而成小山，以窺探城裡情況以及攀上城牆。《通典》云：

> 於城外起土為山，乘城而上，古謂之「土山」，今謂之「壘道」。[63]

其修築方式，則是：

> 用生牛皮作小屋，並四面蒙之，屋中置運土人，以防攻擊者。[64]

至於地道，亦所謂「穴地」，除了挖掘隧道，繞過地面障礙以直達城

60 《資治通鑑》卷二五二，咸通十一年二月，頁8156。

61 《新五代史》卷七二〈四夷附錄一〉，頁1004。

62 《冊府元龜》卷三九六〈將帥部・勇敢三〉，頁4706。

63 《通典》卷一六〇〈兵十三・攻城戰具〉，頁4110。

64 同上註。

內，「鑿地為道，行於城下，用攻其城」，另一方面，可「往往建柱，積薪於其柱間而燒之，柱折城摧」，通過摧毀城基使城牆坍塌[65]。

土山在唐末五代戰爭中的應用情況，可參考天復三年的博昌之戰。當時朱溫派兵征伐王師範，以朱友寧強攻博昌縣，卻「月餘不拔」，焦急的朱溫於是指派劉捍前往督戰，朱友寧懼於壓力，於是不惜「驅民丁十萬，負木石，築山臨城中」，可見當時攻城方徵發民力的規模，而博昌城在如此巨大的圍攻壓力下終於淪陷，並慘遭汴兵「屠老少投屍清水」[66]。

唐末五代時期也不乏涉及攻城軍穴地入城的戰例。龍紀元年十月，楊行密遣馬步都虞候田頵等攻打由錢鏐控制的常州城，田頵率兵建造地道，在半夜挖進制置使杜稜的寢室[67]，吳軍能挖地道至常州牙城而不被察覺，其地道必然是深入地底挖掘。至後周廣順二年的後周征討慕容彥超兗州之戰中，後周兵除了「築連城以圍兗」，更「穴地及築土山，百道攻其城」[68]。顯德四年至五年間的後周攻南唐楚州之戰，便說明了以地道摧毀城防設施與城市的陷落的關係。後周攻城部隊不僅「梯衝臨城」，而且「鑿城為窟室，實薪而焚之」，結果城皆摧圮，迫使南唐守將張彥卿「列陣城內，誓死奮擊」[69]，說明了後周部隊基本上完全突入城內，與守軍爆發巷戰。這些案例都一定程度上揭示軍事地道技術在唐末五代時期已經相當成熟。

不過，即使攻城方能穴地挖掘隧道通往城內，也不是說守城方就此束手無策，理論上，守城方可以臨時修補由敵軍地道對城牆造成的

65 《通典》卷一六〇〈兵十三·攻城戰具〉，頁4110。

66 《新唐書》卷一八七〈王敬武附王師範傳〉，頁5446。

67 《資治通鑑》卷二五八，頁8391。

68 《宋史》卷二五四〈藥元福傳〉，頁8897。

69 陸游撰，李建國校點《南唐書》卷一四〈張彥卿傳〉，傅璇琮、徐海榮、徐吉軍主編〈五代史書彙編〉九（杭州市：杭州出版社，2004年），頁5572。

破壞。開平二年，晉王李存勗率軍出陰地關攻打由後梁刺史邊繼威拒守的晉州，攻城的晉軍「為地道，壞城二十餘步」，但城中「血戰拒守，夜復成城」，晉軍急攻後仍不得其入[70]。我們可以推斷守軍在過程中與攻城方鬥智鬥力的情景：一方面與攻城兵交鋒，另一方面又冒著危險不斷修補城防漏洞。後梁貞明元年的慈州之圍中，後梁尹浩便試圖從地道突入慈州城中。晉軍慈州刺史李存賢「乃預督民戶入秋租數千斛，修戰備，毀城外紫極宮，取其屋木」，儘管後梁尹浩攻城時即使嘗試從四面開掘地道，也無法突入[71]，似乎守軍備戰充分，利用戰前準備好的材料修補敵軍地道造成的漏洞。這至少說明守軍是可以對攻城方的地道戰術積極反擊。

此外，攻城車挖掘地道的成功與否，亦取決於土質硬度。如果土質太硬，士兵便難以進行挖掘。如後唐在長興四年（西元933年）的圍攻夏州之戰鬥中，夏州城相傳由赫連勃勃「蒸土築之」，所以後唐部隊「穴地道，至城下堅如鐵石，鑿不能入」[72]，似乎對就夏州城堅硬的土質就無計可施。

五　火攻

前述對攻城器具以及土山、地道的討論，多少揭示了各種攻城方式遠非無懈可擊，特別容易遭到守軍的火攻。實際上，由於城池的部分結構也是以木材為材質，攻城方也可以針對城池實施火攻。

根據《通典》所介紹，攻城方可以把矢端內盛油脂的箭矢射上城池上的樓櫓，然後對準撒在樓櫓上的油脂發射燃燒的矢鏃燃點：

---

70 《冊府元龜》卷八〈帝王部・創業四〉，頁84。

71 《冊府元龜》卷四〇〇〈將帥部・固守二〉，頁4764。

72 《新五代史》卷四〇〈李仁福傳〉，頁495。

以小瓢盛油，冠矢端，射城樓櫓板木上，瓢敗油散，因燒矢鏃內簳中，射油散處，火立然。復以油瓢續之，敗樓櫓盡焚。謂之「火箭」[73]。

從一些唐末五代時期的城市攻防戰例裡，亦可窺見火攻的使用，與《通典》所介紹的情況大致吻合。乾符五年，圍攻江陵的黃巢起義軍就「縱火焚樓堞」[74]；廣明元年十二月，黃巢大軍進犯潼關，他們不僅「驅民內塹」，更「火關樓皆盡」[75]。對於結構比較簡單或者以木結構為主的堡壘，火攻的效果更為顯著。例如咸通十年三月，唐軍對龐勛發動反攻，圍攻龐勛起義軍在柳子寨的據點，趁風在寨外四面縱火，迫使起義軍棄寨逃走[76]，就是攻城軍隊針對木結構實施火攻的典型戰例。

六　水攻

水攻的實施固然講求攻城方對相關工程知識的掌握，但其與其他攻城攻具戰術最大的差異，就是高度依賴自然的力量，即所謂「因地而成勢，為源高於城，本大於末，可以遏而止，可以決而流」[77]。要反制攻城方的水攻，守城方除了堵塞水勢以及排除城內洪水外，更要主動突襲破壞城外攻城軍所建造的堤堰。《通典》云：

城若卑地下，敵人壅水灌城，速築牆壅諸門及陷穴處，更於城

73 《通典》卷一六〇〈兵十三．攻城戰具〉，頁4111。
74 《新唐書》卷二二五下〈逆臣下．黃巢傳〉，頁6453。
75 《新唐書》卷二二五下〈逆臣下．黃巢傳〉，頁6457。
76 《資治通鑑》卷二五一，頁8141。
77 《太白陰經》卷四〈戰具類．水攻具〉，頁524。

> 內促圍周帀，視水高中而闊築牆，牆外取土，高一丈以上城立，立後於牆內取土，而薄築之。精兵備城，不得雜役。如有洩水之處，即十步為一井，井內潛通引洩漏。城中速造船一二十隻，簡募解舟檝者，載以弓弩，鍬钁，每船載三十人，自暗門銜枚而出，潛往斫營，決彼隄堰，覺即急走，城上鼓譟，急出兵助之[78]。

城市選址一般多位於低地和靠近河道，固然為百姓帶來交通和生活便利等好處，但這也可能在戰時為敵人實施水攻大開方便之門，因此上文所針對的情景，自然不會是處於高低的城市。後來北宋年間的《虎鈐經》所謂「我城若居卑下之地，敵人擁水灌城」[79]，也明顯沿襲從《孫子》到《太白陰經》的軍事理念。

唐末五代時期，決河灌城還是其中一種為軍隊所採取的攻城戰術。只是成功與否，就很視乎當時的實際情況。大順二年，汴軍圍攻宿州城，汴將葛從周「以水壞其垣」，丁會則趁機「以師乘其墉」，大抵使部分宿州城牆倒塌[80]。光化元年三月至九月，吳越錢鏐攻昆山，昆山守將秦裴以三千兵力守城，吳越將領顧全武在強攻和勸降都不奏效後引水灌城，後來秦裴因糧盡及城郭損壞，最終向吳越投降[81]。由此可見，唐末各割據勢力在攻城中具備以決河灌城的能力。後梁龍德元年九月爆發的晉軍攻圍鎮州之戰，晉兵「渡滹沱，圍鎮州，決漕渠以灌之」，可見州城當是位於河岸低地，只是決漕渠的效果似乎不符預期，守軍未有投降，迄至龍德二年二月，天平節度使閻寶再「築壘

---

78 《通典》卷一五二〈兵五・拒守法〉，頁3899-3900。

79 參見《虎鈐經》卷六〈反浸〉，頁120。

80 《舊五代史》卷二一《梁書・霍存傳》，頁325。

81 《資治通鑑》卷二六一，頁8517-8518。

以圍鎮州，決滹沱水環之」[82]。也就是說，晉軍第一次的決漕渠行動，並未能對鎮州造成致命的打擊，守軍還在據守抵抗。

而且，決河灌城的難點不僅是如何引導河水，更在於如何讓河水在浸泡後退卻，使城牆在被河水浸泡和衝擊中損毀。開寶二年（西元969年）北宋圍攻北漢太原之役，也算是其中一個著名的失敗戰例。圍城的北宋軍隊意圖引汾河水灌城，於是嘗試修築臨時新堤，河水自延夏門甕城，穿過兩重外城後湧入城內。由於河水不斷湧入，太原城牆上的缺口漸闊，在北宋軍隊的射擊下，守軍一度未能完全堵截缺口，但經過不斷搶救，「積草自城中飄出，直抵水口而止」，終於堵塞缺口。實際上，太原城在河水退卻後多處出現坍塌。當時尚在太原城內的遼國使者璠猶以為，宋軍「引水浸城也，知其一而不知其二。若知先浸而後涸，則並人無噍類矣」[83]。也就是說，北宋軍隊在此役可謂功虧一簣。究竟是否因為宋軍去唐末太遠而不太瞭解灌城的要領，從而直接導致攻城行動半途而廢，已經無從考究。但可以確定的是，水攻的成效不僅受水量、地勢等天然因素的制約，也要視乎當時軍隊對水攻的理解以及城牆的堅固程度，洪水一時的衝擊不一定就能立刻摧毀城牆。

七　針對城壕的反制措施

在不少的情況下，城壕都是可以克服的。其中一種情況是城外壕溝太淺，則攻城方很可能直接越過城壕登城。後唐同光二年五月發生了楊立據潞州城兵變事件，後唐張廷蘊乘夜率領百餘兵力越過護城河，一方面可能是由於守城者力量不足，另一方面恐怕是護城河過淺

---

82 《資治通鑑》卷二七一，龍德元年至龍德二年二月，頁8868-8874。

83 《長編》卷一〇，開寶二年五月至六月，頁222-228。

或注水不足所致[84]。另一種情況是，即使城壕已經注水，也可以以填塞或假設浮橋跨越等方法克服。在一般壕溝注水不多的情況下，也可以通過人工填塞的措施解決。後梁貞明三年十二月，晉軍攻圍後梁楊劉城，晉王李存勗親自和攻城兵一起以蘆葦填塞城壕[85]。另一個方法是搭建浮橋跨越城壕，這在河南與江淮等水道發達的地域比較常見。例如在乾寧四年征服朱瑄鄆州之戰中，守城的朱瑄「兵少食盡，不復出戰，但引水為深壕以自固」，圍城的汴軍於是建造浮橋和排走壕水，並在浮梁建成後乘夜濟河進攻，結果朱瑄棄守逃奔中都[86]。

八　圍城工事

如果強攻不下，攻城方採取圍困戰術，往往在城外修築一道臨時工事，以包圍城牆，斷絕城中守軍與外界的聯繫。不過，圍城城壘的效用，並不僅僅在於其施工品質，也視乎圍城一方如何執行戰術。後梁開平元年，朱溫派遣十萬大軍圍攻潞州。六月，汴將康懷英「築壘環城，濬鑿池塹」[87]，後來李思安取代康懷英成為包圍潞州城一戰的統帥，在潞州城外再築夾寨[88]，顯然希望以防禦工事來斷絕潞州城內外聯繫。但此役以晉王李存勗突襲收場，後梁夾城戰術沒有奏效。

爾後，五代十國的軍隊雖然沒有以夾城複壘圍堵敵城，但文獻中依然有以城壘工事圍堵城市的記錄。乾祐元年（西元948年），河中節度使李守貞與趙思綰、王景崇連叛，後漢決定派兵征討，以樞密使郭

84　《舊五代史》卷九四〈晉書・張廷蘊傳〉，頁1451。

85　《資治通鑑》卷二七〇，頁8823。

86　《資治通鑑》卷二六一，頁8499。

87　《舊五代史》卷二三〈梁書・康懷英傳〉，頁363。

88　《舊五代史》卷五六〈唐書・周德威傳〉，頁868。

威為統帥，率兵圍攻河中。郭威沒有採取直接強攻的戰術，鑑於李守貞「前朝宿將、健鬥好施，屢立戰功」，而且河中城「城臨大河，樓堞完固」，認為如果強攻攻城，會讓攻城方蒙受嚴重的傷亡，因此決定徵發二萬丁夫修築工事圍困河中，「刳長壕，築連城，列隊伍而圍之」，並且「偃旗臥鼓，但循河設火鋪，連延數十里，番步卒以守之。遣水軍艤舟於岸」，以確保河中城與外界的聯繫被完全切斷[89]。與後梁潞州之圍不同的是，後漢以連城圍困的戰術相當奏效。一方面，後漢軍隊成功阻截南唐與後蜀的活動；另一方面，河中城下的後漢軍隊多次挫敗守軍的突圍，城中不少將士紛紛投降[90]。

結語

一般中國古代軍事史著作，往往把隋唐五代視為一個整體的時代。但是戰爭畢竟涉及到人與制度等因素。即使是大致相同的技術水準，但在採取不同戰略的情況下，或者面對不同技術特點的敵人，也可能會選擇不同的武器或攻具，從而產生截然不同的效果。通過以上對唐末五代時期各種攻守技術的討論，可知當時拋石機對直接破壞城牆的作用有限，其威力更多是體現於對守城士卒的震懾作用，弓弩更是射遠殺傷的利器，甚至用作繞開地面城防的地道戰術以及反地道戰術的日益發展，種種跡象都表明隨著城防結構改良和城防術的發達，城市的防禦能力得到提升，對城牆的直接攻擊已經不能起到太大的破壞作用，攻城方往往要借助比較間接迂迴的攻城方法。

89 《資治通鑑》卷二八八，乾祐元年八月，頁9397-9398。

90 《冊府元龜》卷一二六〈帝王部・納降〉，頁1516。

第四章
五代十國時期城市攻防戰探析
——以楊吳征虔州之役及後漢征三鎮之叛為中心

人們對唐末五代十國時期的印象離不開戰亂。實際上，唐末五代十國時期與其他歷史時期一樣，絕大當數的戰爭類型主要就是兼併和平定叛亂。南唐征虔州之役和後漢征三鎮之叛，就是當時南北兩地戰爭類型的典型戰例。本章以虔州和河中之圍作為討論五代城防戰的切入點，旨在透過探討兩次戰事從備戰至結束的過程，試圖觀察其爆發的背景、攻守雙方對戰略、戰術、外交等手段的運用，以窺探唐末五代十國城市攻防戰的各種面貌。傳世史文對這二次圍城的過程的記敘較為詳細，特別是河中一戰，不僅《通鑑》及新舊《五代史》對此有所記述，而《冊府元龜》、《宋史》、《五代史闕文》及《九國志》等傳世文獻也提供不少能幫助瞭解來龍去脈的資料。

一　楊吳攻譚全播虔州之戰（西元918年）

（一）背景

吳軍攻打虔州城是楊吳吞併江西地區的重要部分，也是南方楊吳政權征服南方土豪割據勢力的一場典型戰爭。戰役的所在地虔州，即今江西贛州市，位處贛水流域，北鄰吉州（今江西吉安市），東接福建，往南翻越大庾嶺後便至韶州（今廣東韶關市），是江西南部與嶺南之間的交通要衝，實質上也是古代嶺南通往中原地區之間陸上交通要道上的關鍵節點[1]。唐人云「虔居江嶺，地扼咽喉，有兵車之繁，賦役之重」[2]，就突顯了唐代虔州在南北交通網絡上的重要性。

戰爭雙方是唐末混戰時期崛起的勢力。其中楊吳統治者和其軍隊，是唐末混戰時期一個起源於盧州合淝，以淮南藩鎮為基礎，以楊行密等當地豪強軍人為首的割據集團。他們立足於浙西及淮南地區，並在唐末和五代初年向江南地區擴充地盤，與浙江吳越錢氏等不同軍閥有著長期的鬥爭，甚至在乾寧四年的清口之戰中一度重挫當時軍力如日中天的朱溫宣武軍勢力。天祐二年，楊行密去世，吳王之位先後由其子楊隆演及楊溥繼承，而楊吳割據政權的大權，則輾轉落在楊行密其中一員元從武將徐溫的手上[3]。

這場戰爭的另一位主角譚全播為虔州當地土著。唐末混戰期間，當地土著盧光稠在譚全播擁立下自立為虔州刺史。[4]在譚全播出謀劃策下，盧光稠分別在唐僖宗光啟元年一月及昭宗天復二年攻陷虔州和韶州，佔有二地。[5]虔州土著割據勢力歷經多次的戰爭考驗，在天復二年，先後在韶州之圍和虔州保衛戰中擊退來犯的劉氏清海軍部隊。[6]

楊吳政權在江西地區的擴張進程並未因楊行密之死而停步，他們先是征服鍾傳。唐朝滅亡後，楊吳加快了其向南擴張的步伐。天祐六年，楊吳軍隊在象牙潭之役消滅以江西撫、信、吉、袁等地兵力組成、號稱十萬大軍的危全諷鎮南軍勢力，並趁機佔領袁、吉、信、

1 劉希為：《隋唐交通》（臺北市：新文豐出版公司，1992年），頁66-68。

2 蔡詞立：〈虔州孔目院食堂記〉，李昉《文苑英華》卷八〇六，頁4263。

3 當然，從楊行密創業至徐溫專政的過程裡，楊吳內部經歷多番政治派系鬥爭，詳見胡耀飛：《楊吳政權家族政治研究》（新北市：花木蘭文化事業公司，2017年），頁11-56。

4 《九國志》卷二〈譚全播傳〉，頁3245。

5 《資治通鑑》卷二五六，頁8320；卷二六三，頁8589。

6 《九國志》卷二〈譚全播傳〉、卷九〈蘇章傳〉，頁3245-3246、3330。

饒、信等州。同年八月，盧光稠為保存實力，同時向楊吳及後梁稱臣歸附，楊吳政權名義上控制江西全境[7]。天祐七年十二月，盧光稠病逝後，虔州先後歷經盧延昌（盧光稠子）、梁求、李彥圖三人的統治，譚全播一度退隱，但隨著虔州另一大豪族廖氏投靠南漢，韶州落入南漢手上，譚全播最終被虔人擁立為帥，並接受後梁封號為百勝防御使；與此同時，楊吳方面一直謀劃向南擴張，對於虔州虎視眈眈，比如按照徐溫的心腹嚴可求的建議，秘密在新淦縣設立制置使，以便日後吞併虔州。[8]天祐十五年，也就是譚全播任虔帥後的第七年，楊吳征與譚全播兩股看來強弱懸殊的割據力量，終於在圍繞虔州的爭奪戰中爆發了一場決出勝負的城市攻防戰。

（二）楊吳攻城前的準備

天祐十五年正月，楊吳任命王祺為虔州行營都指揮使，率領洪、撫、袁、吉州等地的部隊攻打虔州城。在嚴可求的安排下，楊吳軍隊在攻城之前還「以厚利募贛石水工」。[9]胡三省注指出，贛水中「有贛石之險」，所以楊吳所募的水工熟悉此段通往虔州的水道，故此能順利抵達虔州城下。虔州恰好在位處貢水和章水合流成贛水之地。虔州所在的贛水上游位處山區，河道狹窄，江中遍布暗礁險灘[10]。所謂「贛石」，就是指贛水由虔州向北航行至吉州萬安縣界的一段沿途分佈不均的江石。唐人李肇云「蜀之三峽、陝之三門、閩越之惡溪、南康之贛石，皆絕險之所，自有本處人為篙工」[11]。而《通鑑釋文辯

7　鄒勁風：《南唐國史》（南京市：南京大學出版社，2000年），頁48-49。

8　胡耀飛：《唐末五代虔州軍政史——割據政權邊州研究的個案考察》，頁277-281。

9　《資治通鑑》卷二七〇，頁8824。

10　黃玫茵：《唐代江西地區開發研究》（臺北市：臺灣大學出版委員會，1996年），頁20。

11　李肇撰：《唐國史補》卷下（上海市：上海古籍出版社，1979年），頁62。

誤》對贛石之險要之處更有詳細說明：

> 史炤《釋文》曰：吉州有贛石山、遂興水，與虔州相近。余按虔州之贛水，自州治後北流一百八十里，至吉州萬安縣界，為灘十有八，怪石如精鐵，突兀廉厲，錯峙波面，俚俗謂之「贛石」，非山名也。水工生長於其地，習知灘險，熟於操舟，然後無觸破覆沒之患，故以厚利募之以行舟。若山，則安用水工哉！[12]

可見，「贛石」造成險灘因此產生急流，對航行在贛水上的船隻構成危害，這也是虔人保衛虔州的天險所在。只有熟習當地水流的篙工，才能勝任在贛水航運的工作。因此，楊吳軍隊於此戰役前精心部署，僱用熟習在贛水航行的船工，讓部隊安全地開赴至虔州。

（三）虔州之役的過程

楊吳以豐厚金錢招募贛石水工，果然收到奇效。天祐十五年二月，當楊吳攻城部隊兵臨城下之際，虔州守軍才發現楊吳軍隊的來犯。[13]可見虔州守軍根本沒有預期楊吳軍隊竟能通過贛石之險直抵城下。然而，楊吳軍隊攻取虔州的進展不甚順利，攻守雙方爭持不下。[14]同年七月，更傳出楊吳攻城部隊發生疫病的消息。[15]

楊吳軍隊除了要面對疾病的因素外，更要面對虔州守軍持續的抵抗。同年七月，鎮南節度使劉信接替染疫的王祺，擔任虔州行營招討

12 胡三省：《通鑑釋文辯誤》卷一二（北京市：中華書局，1956年），頁176。
13 《資治通鑑》卷二七〇，頁8824。
14 馬令：《南唐書》卷八，頁5318。
15 《九國志》卷二〈劉信傳〉，頁3242。

使，統領攻城部隊繼續攻城。但劉信採取強攻策略，與王祺並無二致。[16]《九國志》〈譚全播傳〉描繪了攻守雙方在戰法上爭持的一個片段，正好說明劉信在攻堅時所遇的抵抗情況：

> 俄而徐溫命劉信伐之，信以大眾填其城濠。全播令人潛為地道，運其土，濠深如故。信以為神，莫之測也，攻擊萬端，不能剋[17]……

劉信以大量兵力試圖填塞城濠。而一般攻城部隊填平城濠的目的，不外乎讓攻城部隊越過城濠的障礙逼近城下；同時，攻城部隊必須在填平城濠後，才可能在城池下運用一些如望樓、雲梯，以及洞屋等器具。而劉信動員龐大人力試圖填平城濠的成效不彰，似乎有兩個值得注意的問題：

第一，劉信是在同年七月接替病重的王祺擔任攻打虔州城的主帥，而上文強調劉信動員大批人員「填其城濠」，顯然虔州守軍在正月至七月期間傾力抵抗楊吳攻城軍隊，以挖地道的方式運土，抵消了攻城方填平城濠的作用，因此楊吳攻城兵也勢必難以施展像雲梯等近距離攻城器具。這恰好解釋楊吳軍隊攻圍多月卻依然一籌莫展，未能短時內攻破虔州城門。

第二，結合各種史料，仍有一些目前難以解答的可疑之處：雖然引文讚美了虔州守軍深挖地道和搬運壕土的能力，但究竟參與反填壕戰術的守軍，是如何具體執行戰術來抵消攻城一方的填壕效果？為何具有豐富作戰經驗的楊吳軍隊對此毫無察覺？而守城方除了其技術情

---

16 如果劉信是以圍而不打的緩攻方案消耗虔州的防禦力，則必定傳出守軍及平民缺糧的消息，然而史料居然沒有提及，似乎楊吳軍隊一直採取強攻之策。

17 《九國志》卷二〈譚全播傳〉，頁3246。

況外，在糧貯方面，虔州守軍是如何在被重重包圍多月的情況下仍堅持作戰呢？史料似乎未能讓我們充分瞭解整個過程。

除了時間，財政、及戰術等因素，影響虔州之戰事態發展的還牽涉了當時的政治形勢。七月，當楊吳未能速戰速決，譚全播決定向吳越、閩、和楚國等其他南方割據勢力求助[18]。這三個南方政權兵分三路，企圖通過派兵聲援虔州。儘管這三路援兵並未能真正解救正陷入圍困的虔州，但毫無疑問，此階段的虔州之戰不僅成為了一場冗長的消耗戰，實質上也演變為一場牽涉到多方勢力的博弈。

吳越王錢鏐派遣二萬兵力攻打信州（今上饒市），以應援虔州。史文關於信州之役的記載差異甚大。據《通鑑》記載，當吳越西南面行營應援使錢傳球率領的二萬大軍抵達信州時，信州城內守兵只有數百人，不足以和吳越兵正面交鋒，所以信州刺史周本「啟關張虛幕於門內，召僚佐登城樓作樂宴飲，飛矢雨集，安坐不動」，以空城計迷惑吳越軍隊，吳越軍隊懷疑城內佈有伏兵，於是當晚就解圍離去，並移軍至閩國境內的汀州（今長汀縣）屯兵。[19]而《吳越備史》卻記載吳越部隊在信州之役中不但擊敗楊吳部隊，而楊吳將領李師造更在是役被吳越一方所殺。[20]

通過史料對比，學者何勇強質疑《通鑑》的說法，認為《吳越備史》記載較為可靠，基於以下兩點：一、假如周本以少勝多的英雄事跡屬實，為何《九國志》、馬令《南唐書》及陸游《南唐書》等一律對此闕載？二、根據《通鑑》，錢元球的部隊在信州之役結束後，不是率軍北歸，而是繼續領兵南下，在離虔州東面更近的汀州，形勢更

18 《通鑑》把譚全播向外求援一事繫於王祺患病、劉信接任虔州行營招討使之後。詳見《資治通鑑》卷二七〇，貞明四年七月，頁8833。

19 《資治通鑑》卷二七〇，頁8833。

20 《吳越備史》卷一，頁6210。

像是步步進逼。三、《吳越備史》提及李師造在信州之役中被殺。在吳越方言中，李、呂讀音相同，故李師造實為呂師造之誤；而在信州之役以後，楊吳的所有軍事行動中，再也沒有任何呂師造的蹤影。基於以上疑點，何氏推斷《吳越備史》有關呂師造在信州一役中陣亡的記述應該是可信的。[21]

閩、楚兩國也有派兵聲援。楚國派出一支約一萬人規模的部隊在古亭集結，而閩國的軍隊則在雩都屯駐。[22]關於古亭和雩都的地理位置，據《中國歷史地圖集》，古亭的位置被標示在虔州西南約一百公里[23]，至於雩都，按《元和志》，位處貢水上游，在在虔州東南一白七十里。[24]易言之，閩、楚、及吳越三路兵正在虔州東西兩側集結，似乎在觀望虔州攻防戰的形勢。八月，劉信決定派兵阻截援兵，其中部將張宣率領的三千人部隊，成功夜襲屯兵古亭的楚軍；與此同時，吳越、閩兩軍得悉楚兵受挫的消息後，便聞風撤兵，放棄向虔州的救援行動，虔州再度陷入孤立無援的絕境。[25]

21 何勇強：《錢氏吳越國史論稿》（杭州市：浙江大學出版社，2002年），頁238。

22 《資治通鑑》，卷二七〇，頁8833。

23 譚其驤：《中國歷史地圖集》第五冊（北京市：中國地圖出版社，1982年），頁89。

24 李吉甫撰，賀次君點校：《元和郡縣圖志》卷二八〈江南道四〉（北京市：中華書局，1983年），頁673。

25 《資治通鑑》卷二七〇，頁8835。

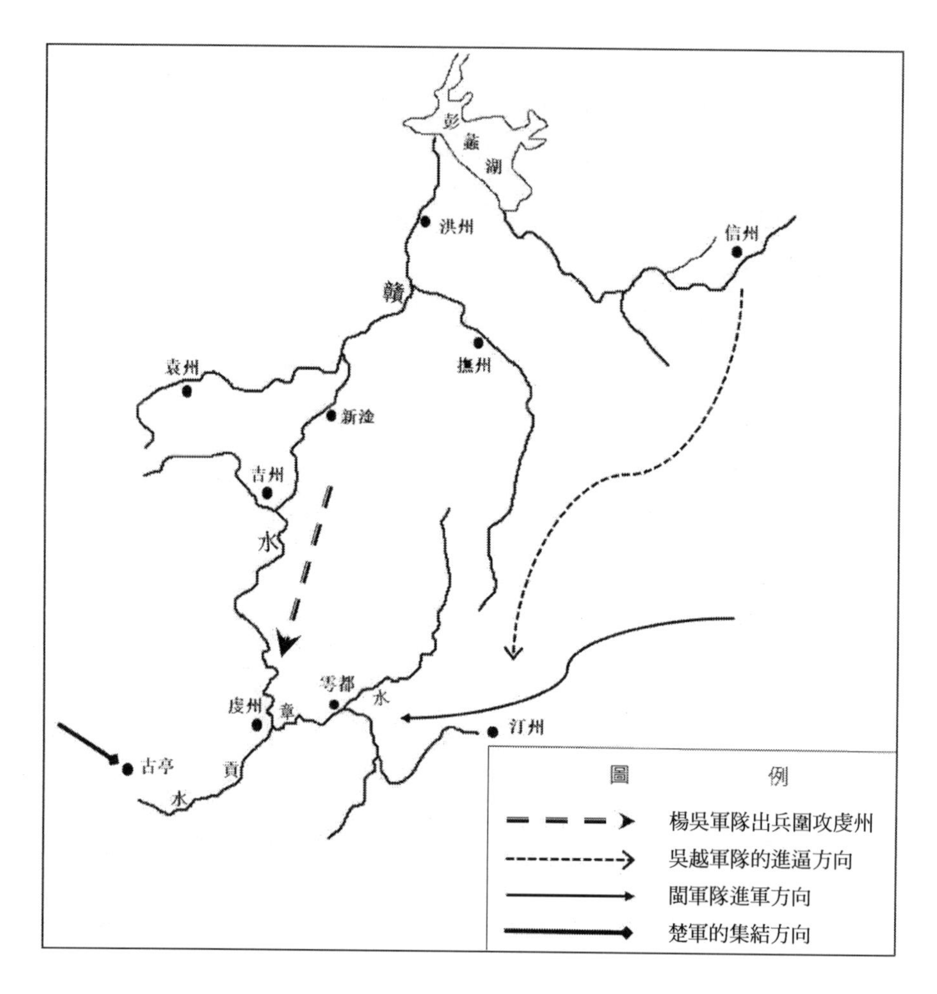

圖一　楊吳軍隊圍攻譚全播虔州之戰示意圖（西元918年）

（四）虔州之戰的終局

三國部隊的撤離，剩下虔州守軍負隅頑抗。虔州雖被楊吳軍隊圍攻累月，犧牲了數千名守兵，卻仍未開門出降，形勢仍然呈膠著狀態，劉信對此亦無良計，甚至改以游說的方式對譚全播勸降。不過，徐溫對此顯然相當不滿，他認為攻城部隊規模十倍於虔州守軍，卻在攻堅不下的情況下向譚全播勸降，無法彰顯威勢，於是使出激將法，先是對劉信的兒子說：「汝父居上游之地，將十倍之眾，不能下一城，是反也！汝可以此兵往，與父同反！」同時，徐溫派遣昇州牙內指揮使朱景瑜向劉信傳話，云：「全播守卒皆農夫，飢窘踰年，妻子在外，重圍既解，相賀而去，聞大兵再往，必皆逃遁，全播所守者空城耳，往必克之。」而劉信懼於徐溫的威勢，立刻領軍回擊虔州，虔州守軍隨即迅速潰敗，譚全播也在逃往雩都後被吳軍擒獲，楊吳正式攻佔虔州城[26]。隨著楊吳政權正式佔據虔州，取得江西全境的控制權。一些參與攻城行動的將領獲得升遷。[27]由於虔州落入楊吳政權的控制，吳越從陸路經虔州通往北方中原的道路被阻，只好改為取道海路前往開封向後梁朝貢[28]。

（五）雙方的優勢和困難

1　譚全播方面

儘管譚全播所代表的土著勢孤力弱，最終仍為楊吳政權所征服，但綜觀戰事的發展，大抵突顯了虔州一方的幾個優勢：

一、由於天然地理優勢，對所有外來者構成一定程度的障礙，即使楊吳一方憑藉多年精心謀劃，因而得以順利通過贛石天險，但也至少增加了其在後勤和運兵的難度，並延緩了虔州攻防戰的爆發時期。

二、虔州守軍奮戰不懈，使楊吳軍隊未能速戰速決，在其九個月圍攻期間，楊吳軍隊在雙方兵力懸殊的情況下居然蒙受數千傷亡，恐怕與虔州守軍持續抵抗不無關係。

26 《資治通鑑》卷二七〇，頁8836。

27 比如據《九國志》卷二〈鄭璠傳〉，鄭璠在此役結束後獲授羅城使（頁3253）。

28 《資治通鑑》卷二七〇，頁8836-8837。

三、虔州守軍守城有術。虔州守軍兵力不如來犯的楊吳軍隊，只能採取各種城防手段。他們運用反填壕戰術，秘密深挖護城壕溝，以抵消攻城部隊的填壕效果。而這種反填壕戰術，即使不是虔州守軍的獨有發明，也足見他們在城防戰術上有一定認識。

但他們也面對一些難以克服的困難：

一、兵力劣勢。楊吳軍隊無疑對虔州志在必得，為務求佔據江西，不惜派遣大軍征行，兵力明顯佔優，而虔州守軍不僅兵力有限，前揭虔州「守卒皆農夫」，正如有研究者指出，虔州守軍大多是當地土著農民，並非職業軍人，雖有保家衛國之心，其作戰亦難以持久[29]。

二、缺乏外援。閩、楚、及吳越三國只在虔州外圍屯駐，抱著觀望的態度，大多沒有對虔州提供實質上的幫助，使虔人只能作困獸之鬥。只要楊吳軍隊對虔州採取圍城打援的策略，耐心地實施圍堵，斷絕虔州的外援，三國援兵就難以對楊吳軍隊造成實質上的威脅。

2 楊吳方面

楊吳一方最終征服虔州，成功將其地盤擴展至江西一帶，但在征服過程中，虔州不僅固守勝於預期，而楊吳軍隊在攻城期間更遇上疫症。疫症一般在人口密集的地區較易爆發。攻城一方的營寨假若充斥傷員，自然容易成為傳染病爆發的溫床。這也表明在古代落後的物質和醫療衛生條件下，戰爭並非純粹取決於兵力動員規模和戰前廟堂內的精心謀劃，也涉及氣候、疾病，自然環境等多種非人為因素的左右。

當然，楊吳能成攻奪取虔州，也體現其自身的一些優勢：

29 參見胡耀飛：《唐末五代虔州軍政史——割據政權邊州研究的個案考察》，頁283。

首先，楊吳軍隊戰前計畫周詳。楊吳早已謀劃吞併江西全境，並在新淦縣設置制置使，向吉州增駐軍隊，以便日後用兵虔州。洪、撫、袁、吉四州位處贛水的中游或支流，與虔州距離不遠。楊吳一方從這些贛水沿岸州縣動員，自然不存在懸軍深入和在陌生環境作戰的問題，而以金錢僱用熟習在贛水航行的當地船工水手，因而得以迅速及安全地兵臨虔州城下，有利於戰爭期間的後勤補給運輸，也使本恃贛石為天險的虔州守軍未能提前偵知楊吳軍隊的行蹤，不能及早有所防範。無論是動員還是運兵補給的安排，都體現了楊吳軍隊對軍事行動的周詳計畫和精心部署。

其次，徐溫御將得宜。通過前揭史料所見，徐溫懂得掌握將領心理，懂得以激將法使劉信回虔州攻城。徐溫一方面笞杖劉信派來的使者，同時特意指責當時備受讒言困擾劉信攻城不力，故意拖延攻勢以縱容譚全播[30]，似乎掌握了劉信不敢貿然班師，急於以勝仗來洗脫自己叛變嫌疑的心理。胡注云「史言徐溫既能御將，又能料敵」[31]，可謂恰當地評論徐溫在這次戰役中的作用。

再者，楊吳兵力佔優。楊吳作為唐末五代初年割據一方的強權，能在江東與吳越鼎足而立，在過往戰爭中也曾數敗朱溫宣武軍，毫無疑問是一支具有戰鬥力的軍隊。雖然史料沒有提供確實的數字，但我們還是從前述徐溫指斥劉信以十倍之眾而不能攻破虔州城一事，反映了相對虔州守軍的勢孤力弱，楊吳軍隊在兵力投入方面無疑有壓倒性的優勢。

30 《九國志》卷二〈劉信傳〉，頁3242。當然，同樣作為楊行密的舊部，徐溫顯然對於劉信存在一定程度的猜忌。有關劉信與徐溫的關係，詳見鄭文寶撰，張劍光校點：《南唐近事》卷二，收入傅璇琮、徐海榮、徐吉軍主編：《五代史書彙編》九（杭州市：杭州出版社，2004年），頁5060。

31 《資治通鑑》卷二七〇，頁8836。

二　後漢圍攻李守貞河中之戰（西元948-949年）

（一）背景

在乾祐元年至翌年發生的河中之戰，不僅是中央政府與藩鎮之間的角力，也是後漢統治階層內部政治矛盾的具體表現。戰爭裡的兩位主角，是後晉時期曾以侍衛親軍都指揮使的身分率禁軍在河北地區抗擊契丹的李守貞，以及代表後漢率軍討叛、時任後漢樞密使的郭威。這場戰爭的起因，大概可追溯至後晉滅亡至後漢建立之初。天福十二年，河東節度使劉知遠趁著契丹滅晉後撤出中原的時機，趁機入主開封，建立後漢政權。但新政權面對諸多舊有勢力的挑戰。同年七月，杜重威以其手上的晉軍殘部首先發難，但未能成功，被後漢軍隊平定；而趙延壽之子、晉昌節度使趙匡贊及鳳翔節度使侯益也恐懼不為後漢所容，一度暗中降附後蜀。翌年，改元乾祐，劉知遠為防趙、侯二人發難，派遣王景崇率禁軍經略關中。趙、侯二人入朝歸順，並在朝中賄賂當政的史弘肇及楊邠，並詆毀構陷王景崇；與此同時，作為後晉時期的禁軍將領的李守貞也蠢蠢欲動，有意背叛後漢。當開封派來的供奉官王益前往鳳翔（今陝西寶雞市鳳翔區），召集趙思綰等趙匡贊的部曲牙兵前往開封。三月二十四日，趙思綰等人在王景崇的慫恿下，首先據長安發難，而早有異圖的李守貞及王景崇亦暗中動員備戰，並相繼發難[32]。

李守貞、趙思綰等人很快就進入備戰狀態。當趙思綰等人佔據長安後，隨即召集城中青年丁壯四千多人，並立刻修葺城池和樓櫓等城防設施，十日內便為城防戰作出準備，並拉攏李守貞加入叛亂[33]；至於李守貞方面，早於後漢隱帝繼位後一直暗中備戰，不僅修築河中城

32　《資治通鑑》卷二八七、二八八，頁9366-9393。

33　《舊五代史》卷一〇九〈漢書・趙思綰傳〉，頁1678-1679。

池（今山西永濟縣蒲州鎮），修整武備，也招攬亡命死士，又嘗試暗中勾結契丹，在趙思綰及僧人總倫的鼓動下，他認為時機成熟，於是在同月自稱王，並派遣王繼勳率先佔據潼關[34]。四月，王景崇一方面向後漢報稱將起兵討伐趙思綰，實際上卻依舊公然抗旨，留在鳳翔積極檢閱鳳翔壯丁和備戰。六月，王景崇遣使向後蜀請降，並接受李守貞的官爵[35]。

至於後漢方面，朝廷早已對王景崇及趙思綰等人有所提防，包括在三月時任命趙暉為鳳翔節度使。當趙思綰和李守貞在公開與後漢公開決裂後，朝廷便隨即命將出征：以澶州節度使郭從義為永興軍兵馬都部署，領禁軍討伐趙思綰；以陝州節度使白文珂為河中行營都部署，客省使王峻為西南面行營兵馬都監，以侍衛步軍都指揮使尚洪遷為西南面行營都虞候[36]。

（二）河中之役的過程

朝廷雖然早在四月就著手討叛，先後派兵前往攻打長安和河中，但此後至七月之間，各路部隊逗留不進。除了陝州都監王玉收復潼關外，白文珂、常思二人在四月受命前赴河中討伐後卻一直分別屯駐同州和潼關，趙暉則屯於咸陽，均未有進兵攻城的跡象。而郭從義和王峻由於關係不和，雖然在長安外圍設置營柵，卻爭持不下，互不相讓，無法合作攻城。只有尚洪遷對長安城採取強攻策略，但他在六月攻打長安時卻「傷重而卒」。[37]

關於後漢軍隊逗留不進的直接原因，綜合史文各方記載及現今學界的看法，大致可歸納為兩點：

---

34 《舊五代史》卷一〇九〈漢書·李守貞傳〉，頁1676。

35 《資治通鑑》卷二八八，頁9393。

36 同上注。

37 《資治通鑑》卷二八八，頁9394。

一、後漢將帥能力問題。在郭威被任命為討伐三鎮的統帥前，朝廷內外充斥對常思和白文珂二人在河中戰區領軍能力的質疑，包括白文珂當時年齡偏大，能否擔當討伐重任[38]，而軍旅生涯初以「勤幹見稱」的常思似乎「無令譽可稱，唯以聚斂為務」[39]。現代學者方積六也據此認定後漢眾將「怯懦畏敵，相互觀望」，是後漢軍隊對進剿三叛遲遲未有進展的主因[40]。

二、李守貞與後漢軍隊的關係。史弘肇曾聲稱李守貞「河陽一客司耳，竟何能為？」但其他大臣卻較為悲觀，其中樞密使郭威便認為李守貞曾為前朝禁軍將領，「雖不習戎行，然善接英豪，得人死力，亦勍敵也，宜審料之」，[41]而據報李守貞當年率後晉禁軍抗擊契丹時，向士卒大量發放賞賜以收買人心，出征時有「掛甲錢」，班師時則發「卸甲錢」、「出入之費，常不下三十萬」[42]。當時朝中一些將領和禁軍士兵曾受李守貞的恩惠，使得後漢內部對其態度不一，無法合作討叛。所以，後漢軍隊在討叛期間遇到最大的問題並非僅僅在於軍事策略的偏差，而是在政治層面上如何消除內部分歧[43]。

後漢朝野顯然意識到上述問題，朝廷最終在乾祐元年八月六日委

38 據《舊五代史》卷一二四〈周書・白文珂傳〉云，「時文珂已老，朝議恐非守貞之敵，乃命太祖西征」，而他最終於顯德元年去世時約七十九歲（頁1897）。

39 《舊五代史》卷一二九〈周書・常思傳〉，頁1975-1976。

40 方積六：《五代十國軍事史》，頁193。

41 《舊五代史》卷一一〇〈周書・太祖紀一〉，頁1688。

42 《新五代史》卷五二〈李守貞傳〉，頁673。閆建飛指出，禁軍直轄天子，而軍賞由來自於國家財政，天子理應能通過軍賜強化與禁軍的關係，但五代中後期隨著侍衛司的強化，侍衛司長官反而可以通過軍賞建立更密切的關係，閆建飛：〈五代後期的政權嬗代：從「天子，兵強馬壯者當為之，寧有種耶」談起〉，杜文玉主編：《唐史論叢》第29輯（西安市：三秦出版社，2019年），頁117-119。

43 羅亮：〈後周建國前史：郭威家世仕宦考〉，杜文玉主編：《唐史論叢》第31輯（西安市：三秦出版社，2020年），頁142-145。

派樞密使郭威為西面軍前招慰安撫使，前赴河中，並下令河中、長安、及鳳翔行營軍隊此後受郭威統一指揮。同時朝廷再次催促白文珂和趙暉分別前赴河中和鳳翔，又提拔奉國右廂都指揮使劉詞為待衛步軍都指揮使兼河中行營都虞候[44]。

郭威出任後漢行營軍隊主帥後，與白文珂、劉詞和常思等後漢將領分別自同州、潼關和陝州兵分三路向河中進軍。八月二十三日，郭威率軍抵達河中城下。同時，白文珂的一路則攻陷西關城。接著，白文珂、常思及郭威的部隊分別於河西、河中城南及城西置寨[45]。郭威很快就訂下了新的方針，以圖打破困局：

首先，確立統帥威望。鑑於李守貞曾長時間典掌朝廷禁軍，自恃「以諸軍多曾隸於麾下，自謂素得軍情，坐俟叩城迎己」[46]，郭威要能夠號令軍隊，必須通過樹立權威，確立自己在軍中的地位。然而，郭威家世並不顯赫，甚至曾參加李繼韜的兵亂，早年作為降卒接受劉知遠的收編，缺乏軍功和威望，其只是後來隨著劉知遠入主開封建立後漢，才得以進入了後漢統治決策層[47]。因此，他首要任務，便是提升其個人威望，以便於能夠號令後漢行營部隊作戰。他確立樹威的其中一個方法，就是把此前庸碌無能的常思遣返昭義[48]。儘管此舉可能對於本身不太積極參與平叛的常思來說反而求仁得仁，但至少對郭威來說，樹立威望的目標總算達到了[49]。

---

44 《資治通鑑》卷二八八，頁9396。

45 《資治通鑑》卷二八八，頁9397。據嚴耕望的考證，西關城即河西縣以東薄津關的西城。詳閱嚴耕望《唐代交通圖考》第一卷〈京都關內區〉，篇三〈長安太原驛道〉（臺北市：歷史語言研究所，1985年），101頁。

46 《舊五代史》卷一〇九〈漢書．李守貞傳〉，頁1676。

47 羅亮：《後周建國前史：郭威家世仕宦考》，頁142-145。

48 《舊五代史》卷一二九〈周書．常思傳〉，頁1976。

49 據羅亮的考據，郭威早年投靠常思，視後者為季父，後者對其提供一定生活上的幫助，而郭氏母親與常思夫人王氏也可能是姐妹。羅亮據此認為，郭威表面以無將領

第二，優先以李守貞為打擊目標。據報郭威在出征前曾詢問馮道的戰略，後者以賭博作喻，提供兩個建議，包括：一、李守貞在後晉時期「累典禁兵，自為軍情附己，遂謀反耳」，故郭威應運用優勢兵力，優先以河中作為作戰目標，才可以壓倒性的姿態和形勢取勝；二、郭威若能賞罰分明，「誠能不惜官錢，廣施恩愛，明其賞罰」，則自然能夠獲得軍心和維持軍隊士氣，忘卻李守貞舊日的恩情[50]。馮道給出的錦囊妙計，實則上也與後來郭威的思路吻合。乾祐元年八月十九日，郭威率領的大軍抵達河中，他隨即召集眾將領商討作戰部署。當時部分將領提出首先攻取長安和鳳翔，而鎮國節度使扈從珂力排眾議，指出「今三叛連衡，推守貞為主，守貞亡，則兩鎮自破矣」，並警告「若捨近而攻遠，萬一王、趙拒吾前，守貞掎吾後，此危道也」[51]。扈從珂著眼的不僅是李守貞的政治威望，更從戰略角度預見到，一旦與河中鄰近的潼關失守，後漢部隊在關中戰區可能便陷入被叛軍前後夾擊的境地。[52]

第三，確立長期圍困河中的方略。既然郭威決定以優勢兵力首先對付河中，他隨即要在戰術層面作出抉擇：究竟是以強攻還是以圍困方式對付守軍。郭威並沒有接納強攻的建議，而是採取了緩攻策略，除了因為李守貞「前朝宿將、健鬬好施，屢立戰功」，更由於河中城城防設計完善，「城臨大河，樓堞完固，未易輕也」，而守軍居高臨下，攻城軍若在城下仰攻，「何異帥士卒投湯火」，最後提出一個更為可行的緩攻方案：

才的藉口，把本不願出征的常思遣回昭義，實質上體現了兩者之間的緊密配合。詳見羅亮：《後周建國前史：郭威家世仕宦考》，頁138-145。

50 王禹偁撰，顧薇薇校點：《五代史闕文》，收入傅璇琮、徐海榮、徐吉軍主編：《五代史書彙編》四（杭州市：杭州出版社，2004年），頁2458。

51 《資治通鑑》卷二八八，頁9397。

52 方積六：《五代十國軍事史》，頁193。

> ……不若且設長圍而守之，使飛走路絕。吾洗兵牧馬，坐食轉輸，溫飽有餘。俟城中無食，公帑家財皆竭，然後進梯衝以逼之，飛羽檄以招之。彼之將士，脫身逃死，父子且不相保，況烏合之眾乎！思綰、景崇、但分兵縻之，不足慮也。[53]

緩攻方案的要旨，在於長圍與強攻相結合運用，首先切斷守軍與外界的聯繫，等待守軍消耗大量糧貯資源、戰鬥力下降時才實施強攻，避免在守軍戰鬥力還十分旺盛的時候正面交鋒。

確立圍城戰備後，郭威隨即指派白文珂等將後漢將領動員二萬民夫在河中城外修築長連城和挖掘壕塹，以包圍河中城，並且部署大量兵力防禦連壘，以防城中守軍和援兵突襲：

> 乃偃旗臥鼓，但循河設火鋪，連延數十里，番步卒以守之。遣水軍檥舟於岸，寇有潛往來者，無不擒之。於是守貞如坐網中矣。[54]

所謂火鋪，即瞭望敵情的崗亭，而所謂「水軍檥舟於岸，寇有潛往來者」，明顯針對趙思綰、王景崇等派兵從黃河登岸救援河中城的可能。當然，要征發二萬丁夫築壘圍城，並以大量兵力日以繼夜看守，所費物資和人力自然不菲，部分後漢將領也一度對此有所保留，但郭威力排眾議，堅持方案[55]。

緩攻方案很快就出現成效。在修築連壘期間，李守貞發動數次突襲，都被後漢軍隊擊退。河中城被圍約一個多月，便出現了「城中食

53 《資治通鑑》卷二八八，頁9397-9398。
54 《資治通鑑》卷二八八，頁9398。
55 《新五代史》卷一一〈周本紀〉，頁130。

且盡，殍死者日眾」的情況。李守貞嘗試派人突圍向南唐，後蜀和契丹救援，但多次為後漢巡邏士兵截獲[56]。

後蜀方面試圖派兵入援，先後在乾祐元年八、十和十二月與後漢爆發了三場戰役。其中在八月的一次發生在大散關，當時後蜀援兵試圖屯駐大散關以援助王景崇，但被鳳翔都部署趙暉的部隊突襲擊退；十月，後蜀派遣山南西道節度使安思謙率兵赴援，蜀兵在模壁（今寶雞市西南）伏擊後漢軍隊，並破寶雞寨，但並沒有長期佔據寶雞城的意圖，反而退回興元，後漢部隊亦因此收復寶雞城[57]。十二月，安思謙再度率後蜀軍隊赴援，自興元進屯鳳州，並在蜀主催促之下進屯大散關，破箭筈嶺安都寨（約今岐山縣東北）。十二月十六日，後蜀軍隊在玉女潭（約在今寶雞市西南）挫敗後漢軍隊，殺死漢兵千人，迫使後漢軍隊退守寶雞城，而韓保貞的部隊則在王女潭之役後穿越安戎關，進屯隴州，郭威也因擔心後蜀的威脅而一度離開河中前赴鳳翔，但安思謙及韓保貞亦不敢進，先後撤退[58]。

南唐也曾派遣援兵赴援，但成效不大。乾祐元年十一月，李守貞再遣朱元和李元向南唐求救。南唐國主李璟於是派遣李金全及劉彥貞（即上述虔州之戰中楊吳統帥劉信之子）等將率兵前赴河中。不過，當南唐部隊途經沂州時，據報發現後漢伏兵，安金全下令全軍不得輕舉妄動，南唐士兵也充斥厭戰情緒，沒有繼續前進，反而撤退至海州。同年十二月，李璟在給後漢朝廷的國書中表示希望與後漢恢復商

---

56 《資治通鑑》卷二八八，頁9400。

57 《資治通鑑》卷二八八，頁9399、9401。

58 《資治通鑑》卷二八八，頁9405；《九國志》卷七〈安思謙傳〉，頁3317。又據嚴耕望的考證，寶雞西南渡過渭水七里後至模壁，而玉女潭則在寶雞西南二十五里。見嚴耕望《唐代交通圖考》第三卷〈秦嶺仇池區〉，篇二十〈通典所記漢中通秦川驛道：散關鳳興漢中道〉（臺北市：歷史語言研究所，1985年），頁759-764。

業往來，並請求赦免李守貞，未有進一步行動[59]。

對後漢軍隊來說，最大的威脅不在於後蜀或南唐援軍，而是河中守軍的突圍威脅。

第一輪突襲發生於乾祐二年正月。郭威早於離開河中前赴鳳翔前，就吩咐劉詞等將領提防河中守隊突圍。他說：「賊苟不能突圍，終為我禽；萬一得出，則吾不得復留於此。成敗之機，於是乎在。賊之驍銳，盡在城西，我去必來突圍，爾曹謹備之！」[60]然而，後漢軍隊卻始終數度為河中守軍所襲。當郭威得悉後蜀軍隊威脅解除後，於是日夜兼程趕返回河中[61]。然而，在乾祐二年正月四日晚，河中守將王繼勳趁白文珂前往迎接郭威之際，率領一千多人沿黃河南岸向城外後漢營柵施襲，一度攻入寨內，使後漢兵不知所措，陷入混亂。但在客省使閻晉卿、副將李韜臨率領十多個死士抵抗，最後在劉詞等將士的力戰下，消滅河中突襲部隊七百人，率領突襲部隊的王繼勳身受重傷，僥倖逃脫。事後郭威返回河中，稱許劉詞「吾嘗懸料，正疑此事，彼技殫矣，賴兄果敢，不為虜嗤。」[62]

第二輪突襲發生於乾祐二年四月至五月。乾祐二年四月，後漢軍隊對河中實施的圍堵策略漸見成效，城中據報「民餓死者什五六」，河中守軍不得不主動出擊，再度突襲圍城的後漢部隊。四月三十日，李守貞派遣五千多士兵架設梯橋，分五道攻長圍的西北部分，企圖破壞長連城，不過由於後漢部隊的警覺性有所提高，後漢軍隊不但奪取河中兵的攻具，還殺傷大半的攻擊長圍的河中士兵；五月三日，李守貞又嘗試出兵突圍，但再次遭到失敗，後漢部隊在交戰中擒獲魏延朗

59 《資治通鑑》卷二八八，頁9403-9404。

60 《資治通鑑》卷二八八，頁9405。

61 《舊五代史》卷一〇二〈漢書・隱帝紀中〉，頁1583。

62 《冊府元龜》卷一二八〈帝王部・明賞二〉，頁1546。

及鄭賓兩名河中將領[63]。

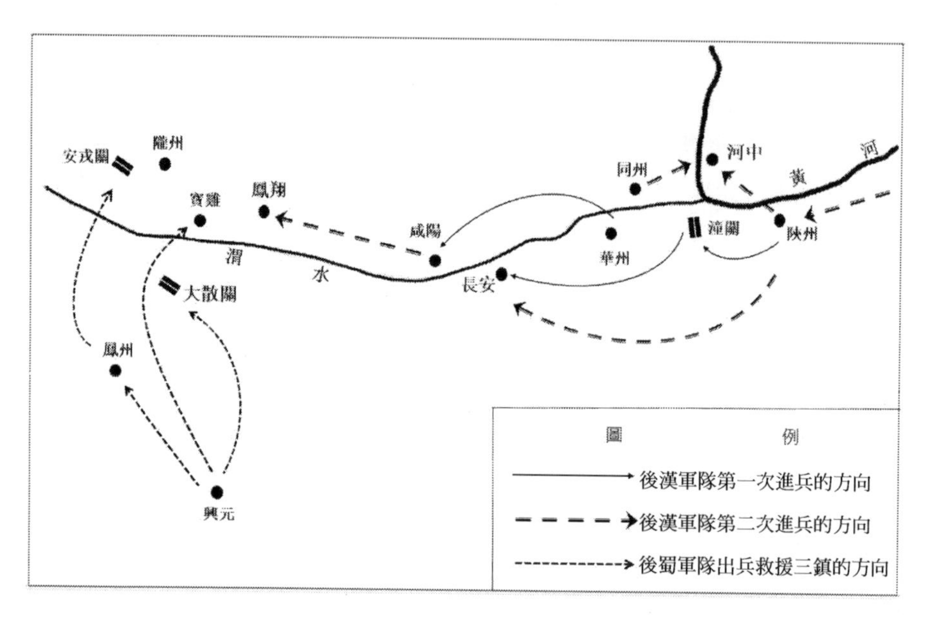

圖二　後漢討三叛河中之圍示意圖（西元948-949年）

（三）河中之戰的終局

隨著河中守軍突襲未能奏效，河中守軍士氣逐步瓦解，並相繼投降。五月九日，周光遜和王繼勳等河中主要將領及軍官，率領二千餘人向後漢投降。五月十日，郭威率領周光遜等投降將領及士兵進入長連城，隨即又有三百多個叛軍士兵出降[64]。郭威認為實行強攻的機會成熟，於是在五月十七日開始下令圍城部隊對河中城發動攻擊[65]。在後漢軍隊強攻初期，河中守軍還負隅頑抗，甚至據報李守貞發現河上

63 《資治通鑑》卷二八八，頁9408-9409；《宋史》卷二七一〈吳虔裕傳〉，頁9286。

64 《冊府元龜》卷一二六〈帝王部・納降〉，頁1516。

65 《資治通鑑》卷二八八，頁9408-9409。

漂浮著可用作製造砲竿的木材，以為自己如有神助[66]，但未能扭轉河中的防禦形勢。七月十三日後，郭威指揮後漢部隊攻佔河中外城，李守貞率領餘部退守內城；七月二十一日，李守貞與妻子及兒子崇勳等家人自焚而死，後漢部隊正式攻佔河中城，而劉芮、總倫等李守貞所親信的同黨則被後漢部隊擒獲，並送往開封處決[67]。

（四）長安及鳳翔叛軍的終局

乾祐二年，後漢相繼討平長安及鳳翔。在後漢部隊接近一年的攻圍下，城中糧食短缺，人口人減，甚至傳出以婦孺為糧的地步。趙思綰無計可施，於是在乾祐二年五月聽從判官程能的勸告向朝廷投降，最終被朝廷誘捕和處死[68]。後漢先後討平長安和河中後，趙暉全力急攻鳳翔，王景崇孤軍對抗朝廷。乾祐二年十二月，王景崇與家人在牙城內自焚而死，而其餘鳳翔諸將請降[69]。後漢正式攻佔鳳翔，對三叛的軍事行動以勝利作結。

（五）雙方的優勢和困難

1　李守貞方面

儘管李守貞在河中之役以失敗告終，可是他並不是完全沒有獲勝的機會，至少在戰爭初期，曾具備一些明顯的優勢：

一、政治資本。李守貞曾長時間統領後晉及後漢禁軍。而部分參與攻圍行動的後漢士兵也曾是他的部屬。因此在進討初期，部分後漢軍隊抱有觀望心理，逗留不進，直至郭威成為後漢行營部隊統帥，採

66 《舊五代史》卷一〇九〈漢書・李守貞傳〉，頁1677。

67 《資治通鑑》卷二八八，頁9410-9411。

68 《資治通鑑》卷二八八，頁9407，9409-9410。

69 《資治通鑑》卷二八八，頁9416-9417。

取了包括提供大量賞賜等手段來刺激士氣，後漢部隊才敢迫城進討。這也恰好體現了安史之亂以來職業軍人的戰鬥力往往取決於物質賞賜的傳統。

二、將士奮戰。李守貞麾下不乏為他能賣命作戰的將士。叛軍能堅持抵抗逾一年之久，本身就證明其頑強抵抗的意志和戰鬥力。他們通過派人到西營柵酤酒，誘使部分當值守營士兵犯下酒禁醉酒，並能趁郭威短暫離開河中時乘虛施襲[70]，也體現了高效的情報收集能力。儘管隨著後漢軍隊的長期圍堵，河中守軍戰鬥力和士氣逐步瓦解，仍不乏願意奮戰到底的將領。除了前述在突襲作戰時身受重傷的王繼勳，李守貞的另一員大將馬全義，不僅為李守貞出謀獻策，又率領死士攻擊圍城部隊。而在城破之際選擇逃亡，並未投降，直至廣順初年才歸順後周入朝。郭威還當場對身旁的侍從讚揚馬全義當年「忠於所事，昔在河中，屢挫吾軍，汝等宜效之」[71]，足見李守貞麾下不乏一些願意奮戰的將士。

不過，李守貞之敗，也體現了一些自身的劣勢：李守貞雖被趙思綰及王景崇推為叛軍首領，但實際上三叛各自為戰。同時，南唐雖然擺出派兵援助的姿態，但對叛軍並無提供任何實質支援；後蜀主雖意圖派兵解圍，但安思謙等後蜀將領以自保為主，其三次的作戰的規模有限，無法或無力牽制後漢兵力，對解圍鳳翔的幫助不大，更遑論直搗鳳翔或透過決戰有效地消滅漢軍主力。

2 後漢方面

儘管後漢是這場平叛戰爭的勝利者，但平叛過程並不順利，特別是在三叛在渭河流域擁兵叛亂的前期，後漢雖迅速派兵前往對付，各

70 《資治通鑑》卷二八八，頁9406-9407。

71 《宋史》卷二七八〈馬全義傳〉，頁9449。

路部隊卻缺乏協同作戰，在面對李守貞時礙於其威望而不敢進迫，甚或抱觀望態度，導致在乾祐元年四月至七月期間戰事進展停滯。除了洪尚遷傷重戰死外，幾乎沒有任何有關後漢圍攻三叛行動的消息。後漢任命郭威統領討伐三叛的軍事行動，情勢發生逆轉，這與以下幾個因素有關：

一、後漢軍隊策略運用得宜。郭威認清李守貞是三叛之首，於是集中主要兵力首先對付李守貞，並力排眾議，堅持通過修築長連城對河中城實行緩攻策略，以消耗河中守軍的資源和力量。同時，後漢軍隊成功抵禦河中兵的多次突襲，使李守貞以突襲擊退圍城部隊的企圖無法得逞，加上成功阻擊試圖越過大散關接近鳳翔的後蜀援兵，直至河中城內糧食耗盡，才展開強攻，最終攻陷河中。這無疑顯示了在郭威接任行營統帥後，後漢軍隊戰略運用得宜。

二、將領素養。郭威領導有方，賞罰分明，能樹立威望以號令後漢軍隊。除了前述遣返常思回昭義，郭威也在河中兵突襲後加強行營的戒備，甚至不惜以軍法處決愛將，以申明軍紀[72]。爾後河中守軍未能重施故技，大抵與郭威對後漢行營部隊的整飭有相當的關係。除此以外，各後漢將領對河中叛軍作戰皆能奮勇向前，臨危不亂。比如，劉詞看到後漢行營士卒「皆怖懼不知所為」後，據報表現「神氣自若」，並揚言「此小盜耳，不足驚也」，於是免冑橫戈，持短兵抗擊來犯的河中守軍[73]。史臣對劉詞的讚譽固然有過於誇飾的成分，但從當時關於眾將臨危不亂的記載以及郭威事後對劉詞的讚許來看，將領的軍事素養和應變能力，當為後漢一方能迅速消除營內混亂狀態的關鍵因素。

---

72 據記載，郭威事後曾為此處決犯了酒禁的愛將李審，詳見《舊五代史》卷一一〇〈周書・太祖紀一〉，頁1689。

73 《舊五代史》卷一二四〈周書・劉詞傳〉，頁1891。

結語

通過比較上述二場發生在不同時間和地點的戰役，不難發現五代城市攻防戰有一些共通的特徵：

一、與城市交通的關係。虔州位處贛水上游，扼首貢水和章水的匯流處，在地理上佔據了江西南部的關鍵戰略位置。對楊吳政權來說，只要攻佔虔州，加上早前在江西地區已佔據的區域，基本就能完全掌控贛水流域；而河中府西臨黃河，是長安、洛陽、太原之間的交通樞紐，後漢軍隊只要能收復河中，阻止後蜀從散關進入關中，則長安和鳳翔自然孤立無援。正因虔州和河中的戰略位置如此關鍵，所以楊吳和後漢都不惜投入大量人力物力進行爭奪。

二、講求工程技術和策略。無論是後漢軍隊在河中之戰中修築用於圍城的長連城，還是在虔州之戰中守軍通過挖掘地道搬運壕土的作業，其前提都是作戰方掌握一定程度的工程技術。這無疑反映了城市攻防戰在本質上是一種涉及複雜工程技術的軍事作業，需要依賴一些掌握複雜工程技術的工匠人員。虔州守軍以反填壕戰術阻延楊吳軍隊的進迫，是守軍積極防禦的具體表現；後漢軍隊在郭威的領導下採取緩攻策略，避免與河中守軍硬碰蠻幹。唐末五代時期各地割據勢力固然對兵家必爭的戰略重地難免採取每城必爭的態度，攻守雙方勝負的分野也與實力的對比有莫大關係，不過這兩場戰役也不啻表明，城市攻防戰需要攻守雙方鬥志鬥力，單靠士卒逞一時匹夫之勇未必就能速戰速決。

三、人力和資本密集。無論是虔州還是河中之戰，攻城方的兵力遠超於守軍數，但由於戰鬥曠日持久，攻城一方往往被迫從強攻轉入以守為攻的消耗戰，戰場上牽涉到大量士卒的給養，加上唐末五代參戰士兵大多乃職業軍人，其戰鬥力維繫於金錢賞賜，故此戰市攻防戰實質不僅是攻防技術的較量，也是雙方後勤補給乃至財政能力的比拚。在河中之戰中，後漢一方面以強攻或圍困的方式對付守城一方，同時又設法阻止援軍前來解圍，其兵力規模可想而知；而郭威成為行營部隊統帥後的首項工作，便是對士兵作出賞賜以振奮士氣，對後漢一方的財政壓力不言而喻；而楊吳軍隊在虔州之戰中不僅成功僱用熟習在贛水航行的船工，得以把攻城士卒投入前線作戰，最終持續七個多月的作戰，也體現了其強大的後勤力量。

當然，由於戰爭背景和攻守雙方實力對比的差異，河中及虔州之戰在攻圍方式上呈現相當的差異。在虔州之戰中，徐溫認識到譚全播所代表的地方勢孤力弱，閩、楚、吳越等國也非全心救援虔州，通過談判勸降不能體現楊吳的國威，因此即使劉信一度游說譚全播投降，也要求重新強攻虔州。相反，由於郭威認識到李守貞的個人威望以及河中叛軍強大的戰鬥力，於是採取緩攻方案，修築長連城的方法圍困河中城，待河中城糧盡及將士相繼出降之際，才轉為採取強攻方式，藉此減低攻城方的傷亡損失。有論者認為自梁晉潞州夾城一役（西元907-908年）以後，隨著五代侍衛親軍和殿前軍等先後崛起，中央禁軍實力的日漸強大，能夠以縱深突破地方割據勢力，於是以夾城圍堵城市的策略宣告息微[74]。但如果把夾城理解為廣義上的圍城工事，則河中之戰表明，通過修築圍城工事對目標城市實行緩攻圍堵，還是五代中後期的常見攻城策略。

74 趙雨樂：〈梁唐戰略文化典範：潞州之圍的剖析〉，《從宮廷到戰場：中國中古與近世諸考察》，頁224-225。

第五章
城市攻防戰模式研究
——以李氏沙陀軍事集團為中心

前述從城市攻防戰統計、攻防技術及城牆設計等方面討論唐末五代城市攻戰。接下來必然要回答的問題是：當時軍隊是如何適應這種戰爭模式呢？本章選取唐末至五代時期，河東地區的李克用、李存勗沙陀軍事集團作為研究對象，是因為他們在具有騎兵傳統的背景下，與朱溫為首的河南地區軍閥經年交戰，最終擊敗後者建立後唐政權。那麼他們的成功如何反映唐末五代時期的戰爭模式？本章將嘗試重新檢視被學者認定是李克用、李存勗父子依靠騎兵而得天下的證據，並從戰爭模式的角度，檢視晉軍如何通過城市攻防戰與汴梁勢力抗衡，並最終取代後者，通過戰爭方式在中原地區建立統一北方的政權。

一　李克用時代晉軍的戰爭模式

沙陀人成分複雜，包含了粟特、鐵勒部落等不同民族的人民。沙陀部落在代北地區開始活躍的時間亦不晚於元和時期。但李克用的沙陀集團裡並不僅僅是原來沙陀三部落的族人，還包括契苾、吐谷渾、回鶻甚至河東當地漢人等不同族群的人，成分頗為複雜[1]。他們當初

1　隨著學界的深入探索，目前對於沙陀人的瞭解可謂相當深入，比如日本學者岡崎精郎早在上世紀中葉所撰《後唐の明宗と舊習》（《東洋史研究》第9卷第4号，1945年及第10卷第2号，1948年）就察覺到所謂沙陀族，實際就包括突厥等不同的遊牧部族。而近年來國內學者樊文禮在《唐末五代的代北集團》（北京市：中國文聯出版

在戰爭中的作戰風格與後勤補給方式，也很大程度上與其他遊牧部落類同。至少在九世紀以前的一段很長時間，都保存了遊牧部落的生活模式。例如《舊五代史》在追溯李克用遠祖朱邪盡忠時提及：

> 曾祖盡忠，貞元中，繼為沙陀府都督。既而為吐蕃所陷，乃舉其族七千帳徙於甘州[2]。

史文以「帳」作為敘述沙陀社人口規模的單位，顯然德宗時期的沙陀人以遊牧部落為主要社會結構，呈現出逐水草而居的生活形態，人口規模也比較有限。這種社會狀態至少一直維持至九世紀上半葉。例如太和四年（西元830年）河東節度使柳公綽以陘北沙陀部落勇悍「自九姓、六州皆畏避之」，遂「召其酋朱耶執宜，直抵雲、朔塞下，治廢柵十一所，募兵三千付之，留屯塞上」[3]；會昌三年（西元843年）銀州刺史、本州押蕃落、銀川監牧使何清朝，下令沙陀、吐渾、党項等內附部落赴振武防禦回鶻[4]。以酋長來稱呼作為沙陀部落的首長朱耶執宜，並且以邊地州長官或藩帥統領，無疑當時沙陀只是一股從西域內遷，還保留著部落組織的小勢力。

社，2000年）則以「代北集團」來涵蓋唐末時期在代北地區形成的政治軍事集團，作為集團核心的沙陀三部落，其中兩部與昭武九姓有密切關係，吸納吐谷渾、契苾部和代北地區漢人等各族群的軍事政治群體（頁66-107）。而西村陽子：〈唐末五代代北地區沙陀集團內部構造再探討——以〈契苾通墓志銘〉為中心〉（《文史》2005年第4輯）則明確指出，沙陀三部落包括沙陀、索葛、安慶，當中索葛和安慶是以粟特人為主的部落，而文獻中的代北五部則指吐谷渾、契苾部和沙陀三部落。無論如何，唐末時期的沙陀無疑是一個由各個遊牧部落混雜而成的群體，而不是一個成分單一的部族。

2 《舊五代史》卷二五〈唐書·武皇紀上〉，頁381。

3 《舊唐書》卷一六五〈柳公綽傳〉，頁4304。

4 《舊唐書》卷一八上〈武宗紀〉，頁593。

至九世紀下半葉，沙陀人的勢力日益壯大，但其作戰及後勤補給方式似乎或多或少保留了遊牧部落形態。據學者對隋唐騎兵功能，歸納為先鋒、誘敵與伏兵配合、挑敵以疲敝敵人、偷襲敵軍、赴援、追擊、側翼與出敵陣後及逃奔等方面為主要功用[5]。自沙陀軍人開始大規模參與中原戰爭後，在野戰，往往在赴援、追擊、側翼及出敵陣後等戰術動作中展現了良好的機動力。

九世紀中後期，沙陀人憑藉其騎兵活躍於中原的戰爭舞臺。他們在野戰中為唐軍立下奇功，尤其在衝擊敵陣、追擊敗逃敵軍等方面表現最為搶眼。

早在鎮壓龐勛起義的戰爭裡，沙陀騎兵就體現了優越的機動力。渙水之戰，唐軍行營都招討使康承訓率領麾下千人部隊時遭遇起義軍的埋伏，朱邪赤心率領五百沙陀騎兵，朱邪赤心率五百沙陀騎兵「奮檛衝圍」，幫助康承訓殺出重圍；鹿塘寨之役，龐勛部將王弘立意圖攻鹿塘寨，「與諸將臨望，自謂功在漏刻」，沙陀騎兵「左右突圍，出入如飛」，對「紛擾移避」的龐勛部隊進行蹂躪，「寨中諸軍爭出奮擊，賊大敗。官軍蹙之於濉水，溺死者不可勝紀，自鹿塘至襄城，伏尸五十里，斬首二萬餘級」[6]。

當時的沙陀部族，無論從個人武藝、軍隊作戰模式還是後勤保障方面來看，都有著濃厚的草原部落色彩。

首先，強調個人騎射技藝。在《舊五代史》敘述李克用成長階段，就強調其精湛的騎射技術，聲稱其在齠齔之年已經擅於騎射，在少年時期曾在達靼部人面前「彎弧發矢，連貫雙鵰」，並據說就此得到邊地部落的拜服。段文楚事件後，他一度逃回達靼部，在與達靼部人一同射獵期間，「或以懸針樹葉為的，中之如神」，藉此誇耀其騎

5　李樹桐：〈唐代之軍事與馬〉，收入《歷史研究》，頁231-241。

6　《資治通鑑》卷二五一，咸通十年二月，頁8140-8141。

射技術，以在各部落間樹立個人聲望[7]。顯然在他早年身處的社會裡，騎射技術有助於其建立個人聲譽，對於懾服部人和周邊部落至為關鍵。

第二，採取短時間騎兵運動戰的作戰模式。沙陀部落以遊牧為主要的社會生活形態。這在諸史料中有所反映。比如開成年間，振武節度使劉沔「率吐渾、契苾、沙陀三部落等諸族萬人，馬三千騎」，至銀夏征討党項[8]，騎兵的比例明顯高於一般漢人軍隊。會昌二年九月，宰相李德裕就向朝廷申狀，請求在唐軍對付回鶻的行動中，以何清朝及契苾通等蕃將分領沙陀及吐谷渾騎兵[9]。顯然騎兵就是沙陀部落兵的核心兵種。

龐勛起義遭到鎮壓後，沙陀騎兵在很長時間並不處於藩鎮鬥爭的中心，後來隨著王仙芝、黃巢起義，中原地區再次陷入混戰，李克用乘時崛起。廣明元年，幽州節度使李可舉畏懼日益強大的李克用，「遣軍司馬韓玄紹擊沙陀藥兒嶺」，幽州軍隊戰勝沙陀人，「斬首七千級，殺其將朱耶盡忠等」，並且「收牛、馬、器鎧數萬」[10]。敘述中的輜重以以牛、馬等牲畜為主而沒有提及其他糧草，似乎此時的沙陀軍隊，還是具有比較鮮明的遊牧部落特色，與他們這種以運動戰為主的戰爭模式相適應。

及後，沙陀人善於騎射的鮮明特點，也為希望早日鎮壓黃巢起義的唐廷所看重。沙陀騎兵優良的機動力，確實大大提高了唐軍的戰鬥力。良田陂之戰，李克用軍隊與其他藩鎮軍隊一同擊潰黃巢十五萬部

---

7 《舊五代史》卷二五〈唐書．武皇紀上〉，頁382-383、385。

8 《冊府元龜》卷三五九〈將帥部．立功十二〉，頁4265。

9 李德裕：〈請契苾通等分領沙陀退渾馬軍共六千人狀〉，傅璇琮、周建國校箋：《李德裕文集校箋》（北京市：中華書局，2018年），頁314。

10 《新唐書》卷二一二〈李茂勳附李可舉傳〉，頁5983。

眾，黃巢敗軍「橫屍三十里」[11]。後來黃巢的將領聞沙陀色變，稱「鴉兒軍至，當避其鋒」[12]，講的就是一般步兵難以抵擋沙陀騎兵衝鋒。中和四年，唐軍在王滿渡之役大破黃巢殘軍，在唐軍陣營的李克用部隊「追至冤句，騎能屬者才數百人，晝夜行二百餘里，人馬疲乏，糧盡，乃還汴州，欲裹糧復追之，獲巢幼子及乘輿器服符印，得所掠男女萬人，悉縱遣之」[13]。從他們可以晝夜長程追擊，乃至在汴州「欲裹糧復追之」，都表明著李克用的軍隊擅長以騎軍追擊敗退的敵軍，並沒有隨軍攜帶大量的輜糧。毫無疑問，沙陀騎兵的衝鋒戰術以及追擊敗逃敵軍的能力使以步兵為主力的漢人軍隊聞風喪膽。

既然李克用時代沙陀軍隊的戰爭模式與黃巢、朱溫等軍閥截然不同。那麼，擺在李克用等沙陀軍人精英們的問題就相當嚴峻：在唐末城市攻防戰盛行的背景下，他的軍隊如何求存和參與競爭。

誠然，李克用自中和三年取得河東帥位後，沙陀軍隊變成河東節度使軍隊。這不僅意味著現在被稱作晉軍的沙陀軍隊，獲得太原作為其軍事基地，亦開始採取其他中原藩鎮常用的作戰及後勤方式。如景福二年至乾寧元年的邢州攻城戰，似乎證明了沙陀人在組織攻城作戰方面上越來越接近其他中原藩鎮的軍隊：

> （景福二年）九月，（李）存孝夜犯存信營，奉誠軍使孫考老被獲，（李）存信軍亂。武皇進攻邢州，深溝高壘以環之，旋為存孝衝突，溝塹不成，有軍校袁奉韜者，密令人謂存孝曰：「大王俟塹成即歸太原，如塹壘未成，恐無歸志。尚書所畏唯大王耳，料諸將孰出尚書右。王若西歸，雖限以黃河，亦可浮

---

11 《舊唐書》卷一九下〈昭宗紀〉，頁714。

12 《舊五代史》卷二五〈唐書．武皇紀上〉，頁386。

13 《資治通鑑》卷二五五，中和四年五月庚午條，頁8305。

> 渡，況咫尺之洫，安能阻尚書鋒銳哉！」存孝然之，縱兵成塹。居旬日，深溝高壘，飛走不能及，由是存孝至敗，城中食盡。乾寧元年三月，存孝登城首罪，泣訴於武皇曰……武皇愍之，遣劉太妃入城慰勞。[14]

上述引文透露了兩項有助於瞭解這場邢州圍城戰的信息：

一、晉軍在圍攻邢州之前，成德鎮的王鎔試圖調停勸阻，李克用勃然大怒，派兵攻天長鎮，「旬日不下」，王鎔出兵三萬救援，卻在叱日嶺大敗於晉軍，「斬首萬餘級」。據說「時歲饑」，晉軍缺乏軍食，「脯屍肉而食之」[15]。太行山東西兩地，本來就是以東部河北邢、洺地區在經濟上比較富庶，是太行山澤潞地區糧食的來源地。而晉軍現在反過來要東出太行山攻打邢州，這個時期又適值糧荒，連晉軍的後方遭受影響，糧草供應處於極為緊張的狀態。

二、王鎔救援失敗，後來又在平山之役戰敗，遭晉軍進逼鎮州，於是主動媾和，對李克用提供兵糧援助。《新唐書》〈王鎔傳〉謂李克用「出縛馬關，敗鎮兵於平山，因進攻鎔外壘」，王鎔「內失幽州助，因乞盟，進幣五十萬，歸糧二十萬，請出兵助討存孝，乃得解」[16]。鎮州與太原相比更接近邢州，可以大大縮短糧草的的運輸距離；而且這意味李克用的部隊之所以能夠持續圍攻邢州，恐怕是依賴成德方面提供錢糧才得以成功，並不見得完全依靠自身的後勤力量。可以斷言的是，唐末李克用時代的河東沙陀軍閥勢力，其後勤組織方式雖然不再停留於遊牧部落的階段，其戰鬥甚至以進攻犀利見稱，然而經濟基礎還是比較薄弱，不見得可以經常發動持續經年的攻城作戰，其防禦

---

14 《舊五代史》卷五三〈唐書・李存孝傳〉，頁829。

15 《舊五代史》卷二六〈唐書・武皇紀下〉，頁400。

16 《新唐書》卷二一一〈王景崇附王鎔傳〉，頁5964。

能力也尚未經受真正的考驗。

九世紀末至十世紀初，汴晉交鋒，晉軍面對擅於盤強的汴軍，形勢不利，沙陀軍隊攻強守弱的特點表露無遺。只要對李克用時代沙陀軍隊所參與的城市攻防戰及野戰作粗略統計（包括李克用入主河東以前的戰爭），可以發現其擅長野戰而拙於據守的傾向。（見表一）

表一　李克用時期沙陀軍參與的戰野及城市攻防戰

戰爭名稱（西元）	攻城戰	守城戰	野戰
李克用叛唐之戰（西元878-880年）	3（1）	1（0）	6（3）
鎮壓黃巢戰爭（西元883-884年）	2（2）	0	7（7）
李克用征服代北之戰（西元881-894年）	2（1）	0	5（4）
兼併昭義的戰爭（西元883-889年）	4（3）	0	4（3）
河北三鎮之戰（西元885年）	0	0	2（2）
唐擊王重榮同州之戰（西元885年）	0	0	1（1）
李罕之攻張全義之戰（西元888年）	1（0）	0	1（1）
唐擊李克用陰地關之戰（西元890年）	3（3）	0	3（3）
擊成德之戰（西元891-893年）	3（2）	1（0）	8（7）
擊幽州之戰（西元894年）	2（2）	0	2（2）
三鎮亂長安之戰（西元895年）	5（4）	0	2（2）
攻魏博之戰（西元896年）	0	0	5（3）
王珙攻王珂之戰（西元897年）	0	0	3（3）
討李罕之之戰（西元898年）	1（1）	1（1）	1（1）
伐幽州之戰（西元897年）	0	0	1（0）
汴晉戰爭（西元896-907年）	10（6）	7.5（4）	15（9）
討契苾讓、王敬暉之戰（西元903年）	2（1）	0	0

戰爭名稱（西元）	攻城戰	守城戰	野戰
合計	38（26）	10.5（5）	65（51）
注 一、天祐四年（西元907年）初李克用逝世之際，潞州尚處於梁軍的重圍之中，故在統計中算作○點五次。 二、括號內為沙陀軍在該項戰爭形式的戰勝次數。			

從上表的數據中不難察覺，沙陀軍隊所參與野戰的數據，不論是次數還是勝率都大大超出攻城戰和守城戰，甚至在比如在河北三鎮之戰、攻魏博之戰等極端情況，沙陀軍隊基本不參與城市攻防戰。只有在與朱溫開封勢力的交戰中，晉軍才多次圍繞城市進行攻防戰。總體來說，晉軍守城戰的次數及勝率略低於攻城戰。這意味著李克用時代的晉軍野戰傾向比較強烈，而較少依賴城市攻防戰，尤其不擅長據守城池。

以上的統計也與九世紀末至十世紀初晉汴雙方的對抗形勢相吻合。晉軍在汴軍的持續壓迫下，顯得缺乏足夠的防禦力量，邢、洺、澤、潞等州經常輕易易手，旋得旋失，似乎沒有堅守的跡象。例如光化元年朱溫派兵打擊晉軍在太行山以東控制的據點，攻拔洺州，「執其刺史邢行恭」；繼而攻擊邢州，刺史馬師素「自拔走」，並「遂圍磁州，袁奉韜自殺」，不足五天內取得連下三州與斬首二萬級的戰績[17]。至天復元年及二年，太原連續遭到宣武軍隊的兩次圍攻。在天復元年的圍攻，晉軍方面的李嗣昭「朝夕選精騎分出諸門，掩擊汴營，左俘右斬，或燔或擊」，加上「又屬霖雨，軍多足腫腹疾，糧運不繼」，因而解除汴軍的圍攻[18]。翌年三月，宣武軍再度圍攻太原城。但與第一次太原之圍不同的是，李克用萌生了棄守太原的念頭，部分像李存信的將領也附和李克用的想法，只是李克用夫人劉氏及時進諫阻，李克

17 《新唐書》卷二一〇〈羅弘信傳〉，頁5940。

18 《舊五代史》卷五二〈唐書・李嗣昭傳〉，頁811。

用打消了退守代北的念頭，並收集潰兵，最終才保住太原城[19]。

二　李存勗時代晉軍的戰爭模式

自上源驛事件後，朱溫的開封宣武軍閥勢力與李克用結為世仇，成為後者向東擴張乃至在華北地區爭霸的最大障礙。從唐末至五代初年，朱氏勢力基本盤踞河南汴渠與淮北一帶水路最為發達的區域，但為什麼最終卻被李存勗的軍隊消滅？

這個問題當然可以有多重不同的角度考慮。歷來學者認定沙陀軍隊於野戰和長程奔襲中發揮了騎軍的優勢，以步兵為主要構成的汴兵難以招架。其實，所謂沙陀依賴其強大騎兵壓倒後梁一說，意謂其騎兵戰鬥力強。所謂戰鬥力強，大抵可從規模、訓練和作用等層面觀察。

第一，就目前所留下的史文記載所見，從李克用至李存勗時代，沙陀軍隊的騎兵規模並沒有出現驚人的增長。我們可以通過《冊府元龜》所載長興四年二月，後唐明宗李嗣源與樞密使范延光有關軍費支出的討論，窺探後唐騎軍的規模情況：

> ……帝因問（范）延光內外見管馬數。對曰：「見兵馬數管，騎軍三萬五千。」帝撫髀嘆曰：「朕從戎四十年，太祖在太原時，騎軍不過七千。先皇與汴家二十年較戰，自始至終，馬數裁萬。今有鐵馬三萬五千匹，而不能使九州混一，是吾養士卒、練將帥之不至也。吾老矣焉！將奈何？」延光奏曰：「臣每思之，國家養馬太多。試計一騎士之費，可贍步卒五人。養

19 《舊五代史》卷二六〈唐書・武皇紀下〉，頁411。

> 三萬五千騎抵十五萬步卒。既無所施，虛耗國力。臣恐一年不易。」帝曰：「誠如卿言，肥騎士而瘠吾民。何負哉？」[20]

南宋人洪邁認為，李克用李存勗父子所依賴的騎兵規模不大，卻能以馬上得天下，但「明宗都洛陽，正臨中州，尚以為騎士無所施」，因而得出南宋「然則今雖純用步卒，亦未為失計也」的結論[21]。後唐明宗一朝軍事行動的成敗，實質上摻雜著各種因素，而洪邁此言，也無可避免立足於南宋時缺乏騎兵的時代背景。但他無疑指出了不應忽視的一點：當初晉軍與汴軍爭霸的時候，晉軍騎兵規模並非具有壓倒性優勢。[22]

軍事訓練是培養軍隊戰鬥力的重要手段。統治者往往通過一些刻意的訓練手段，以提升或保持軍隊某方面的能力。例如隋末唐初李淵起兵初期，就銳意建立騎兵部隊，模仿突厥騎兵逐水草而居的習性，「乃簡使能騎射者二千餘人，飲食居止，一同突厥」、「隨逐水草，遠置斥堠」，為的就是在逐鹿中原的過程中增強其騎軍實力[23]。而在汴晉爭衡的過程中，李存勗也似乎有類似的舉動。宋人陶岳在《五代史補》裡就記載：

> 莊宗之嗣位也，志在渡河。恨河東地狹兵少，思欲百練其眾，以取必勝於天下。乃下令曰：「凡出師，騎軍不見賊，不許騎

20 《冊府元龜》卷四八四〈邦計部．經費〉，頁5793。

21 洪邁撰：《容齋續筆》卷五「買馬牧馬」，收入孔凡禮點校《容齋隨筆》（北京市：中華書局，2005年），頁276-277。

22 陳樂保、楊倩麗：〈幽州之戰與五代初期的北方軍政格局〉（杜文玉主編：《唐史論叢》第28輯，西安市：三秦出版社，2019年，頁84）也指出，李存勗時期沙陀軍隊中的步兵比例遠高於騎兵。

23 溫大雅撰：《大唐創業起居注》卷一（上海市：上海古籍出版社，1983年），頁2。

> 馬。或步騎前後已定，不得越軍分，以避險惡。其分路並進，期會有處，不得違晷刻。并在路敢言病者，皆斬之。」故三軍懼法而戮力，皆一當百。故朱梁舉天下而不能禦，卒為所戮。良有以夫初莊宗公子時，雅好音律，能自撰曲子詞，其後凡用軍前後，隊伍皆以所撰詞授之使揚聲而唱，謂之御製。至於入陣，不論勝負，馬頭纔轉，則眾樂齊作。故凡所鬥戰，人忘其死，斯亦用軍之一法也。[24]

這段文字，旨在說明李存勗重視保持晉軍騎兵的實力的能力，不希望騎兵在未有戰鬥的時候便虛耗戰馬的體力。騎兵在未進入戰鬥狀態時下馬行軍的做法，似乎是少數民族的習慣。如趙彥衛《雲麓漫鈔》便載契丹軍隊「未逢大敵，不乘戰馬，俟敵近，即競乘之，所以戰蹏有力也」。[25]當然，保持騎軍實力未必是晉軍訓練的唯一目的。所謂「或步騎前後已定，不得越軍分，以避險惡」，實質上也是培養軍紀及步騎協同能力的具體方式，並非單純針對騎兵。

無可否認的是，晉軍騎兵在實戰中的作用相當顯著。騎兵的優點在於其速度及衝擊力。機動力較差的步兵除非憑藉結陣和防禦工事，否則難以在運動戰中與騎兵抗衡。自李存勗襲位以後，梁晉雙方經歷了柏鄉、元城，以及突襲開封等能夠體現晉軍騎軍優勢的戰役。比如乾化元年正月的柏鄉之戰，就展現了晉軍如何嫻熟地運用各種騎兵戰術：晉軍先在柏鄉附近嘗試以騎兵向梁軍挑戰，但梁軍並不希望立刻和晉軍決戰，在一輪並不激烈的前哨戰後便退回營寨；於是晉軍改以騎兵騷擾梁軍的後勤，日夜挑戰以疲敝梁軍，最終迫使梁軍在糧食不

---

24 陶岳：《五代史補》卷二「莊宗能訓練兵士」，頁2487。

25 趙彥衛撰，傅根清點校：《雲麓漫鈔》卷六（北京市：中華書局，1996年），頁107-108。

足的情況下出營決戰；在會戰當天，梁晉兩軍先是列陣爭持，晉軍待梁軍午後未食，鬥志稍有鬆懈之際，騎將周德威與李嗣源率騎軍伺機衝擊梁軍東西陣，使梁軍陣形大亂，梁軍潰敗，是役死傷達二萬多人，李嗣源並率騎軍追擊敗逃的梁兵至邢州[26]。柏鄉一戰，正好體現了晉軍騎兵戰術的豐富和成熟。

然而，梁軍在柏鄉、胡柳陂等役大敗是一回事，總體格局又是另一回事。儘管梁軍在野戰中屢受挫於晉軍，問題是：除了開封之役直接導致後梁政治中樞瓦解外，後梁不僅沒有因為戰役的失敗而出現崩潰式的敗亡，反而還能多次動員數以萬計的兵力對晉軍發動反攻。其實，答案恰恰就在晉軍戰爭模式的變化。如果從城市攻防戰的層次考察，大抵有兩個不能忽視的因素。

一、河東的地理位置。河東地多貧瘠，東部為太行山，進出這區域主要通過井陘、崞口、天井關等的關隘，無疑充當了河東地區的屏障的作用，對所有意圖威脅河東安全的勢力來說自然是一種掣肘[27]。但對於守城方來說，太原位處盆地地帶，易守難攻，敵人入侵的路徑基本可以預期，因此有學者提出，李克用屢屢能抵擋朱溫的攻勢，很大程度是地理優勢使然[28]。如天復元年四月，朱溫以氏叔琮等將兵五萬攻李克用，與其盟軍同時從井陘、飛狐、天井不同方位的關隘進兵圍剿河東，其中氏叔琮的五萬汴軍主力則從澤州關入，在攻太原之前先後攻陷澤、潞兩城。但要維護一條跨越太行山的補給線顯然相當困難。經過一個月的攻城後，就出現「芻糧不給，久雨，士卒瘧利」，不得不撤退[29]。汴軍一年後又再試圖攻取太原，一共出動十萬兵力參

26 《資治通鑑》卷二六七，頁8732-8736。

27 有關進出河東地區的隘口，參見李孝聰：《中國區域歷史地理》（北京市：北京大學出版社，2004年），頁181-183。

28 寧可、閻守城：《唐末五代的山西》，頁74。

29 《資治通鑑》卷二六二，天復元年三月至五月，頁8551-8553。

加圍攻。為了確保對太原的包圍，汴軍更修築工事圍困太原城，守城的晉人當時亦相當悲觀，云「我兵寡地蹙，守此孤城，彼築壘穿塹環之，以積久制我，我飛走無路，坐待困斃耳」，一度萌生「不若且入北虜，徐圖進取」的念頭。但汴軍的圍攻最終還是徒勞無功[30]。這兩場太原攻防戰，突顯當地易守難攻的特質。

另一個因素是李存勗軍隊在十世紀初對黃河渡口的控扼，其前提是對河北的控制。在唐末乾寧時期，晉軍一度試圖假道魏博救援被朱溫軍隊圍攻的朱瑄，但魏博當時政治上尚臣服於宣武，除了不惜以武力阻攔試圖假道的李克用軍隊，也往往對汴軍提供實質後勤支援。如天祐三年，朱溫率領汴軍從白馬渡河，圍攻劉守文於滄州，魏博節帥羅紹威通過永濟渠為汴軍架設專門的運輸線「飛挽饋運，自鄴至長蘆五百里，迭跡重軌，不絕於路」[31]、「又於魏州建元帥府署，沿道置亭候，供牲牢、酒備、軍幕、什器，上下數十萬人，一無闕者」。此時朱溫透過對河南宣武、天平至河北魏博等藩鎮在政治上的控制，基本掌握從黃河渡口至永濟渠的水道交通，使汴軍在河北戰場的征戰中免除了後勤補給之憂，此時朱溫勢力無疑正處於頂峰[32]。

但在開平二年初李克用去世後，隨著五代初年一連串事件的發

30 《資治通鑑》卷二六三，天復二年二月至三月，頁8568-8570。

31 《舊五代史》卷一四〈梁書・羅紹威傳〉，頁216。

32 梁太濟曾根據朱溫的用兵對象，把朱溫在建立後梁以前的勢力發展過程分為四個階段，即：一、中和三年（西元883年）至文德元年（西元888年）與秦宗權的鬥爭；二、文德元年至乾寧四年期間，向東兼併時溥、朱瑄和朱瑾（即感化、天平、泰寧節度）的戰爭以及與淮南的交戰；三、光化元年（西元898年）至天復元年（西元901年），試圖壓制李克用和劉仁恭勢力的戰爭；四、與李茂貞爭奪控制唐室的交鋒以及對魏博牙軍的殺戮。他認為朱溫的勢力在第二階段表現出強大的後勤能力，而第三階段則成功壓制李克用的發展和對劉仁恭勢力予以毀滅性打擊。詳見梁太濟：〈朱全忠勢力發展的四個階段〉，收入唐史論叢編纂委員會編：《春史：卞麟錫教授還曆紀念唐史論叢》，漢城，1995年，頁107-116。

生，使得整個河北局勢逆轉，河朔三鎮繼而倒向河東一方。開平四年底，朱溫懷疑成德王鎔貳於己，決定對其出兵討伐，繼而引起晉軍的軍事介入。開平五年春，晉軍在柏鄉之役大挫梁軍，成德正式歸附河東[33]；乾化二年，李存勗發兵征服劉守光，幽州勢力幾乎全境落入河東的控制，朱溫試圖應援幽州，深入德、冀，攻棗強和蓨縣，但未能阻止幽州被河東兼併[34]。乾化五年，魏博發生兵變，魏博藩帥賀德倫倒向河東，李存勗的勢力達至魏州，開始了與後梁在河北黃河下游一線的爭持[35]，繼而引發一連串的城市攻防戰。（見表二）

表二　梁晉雙方在黃河沿岸的城市攻防戰（西元915-923年）[36]

日期（括號內為維時）	地點	攻城方	兵力規模
貞明元年八月	魏縣	後梁	不詳
貞明二年三月一至八日	衛州	晉	不詳
貞明三年二月（數日）	黎陽	晉	不詳
貞明三年十二月（一日）	楊劉	晉	後梁：三千
貞明四年二月至六月	楊劉	後梁	後梁：數萬
貞明五年四月	德勝南城	後梁	不詳
龍德二年一至二月	德勝北城	後梁	後梁：五萬
同光元年五月十八日	德勝南城	後梁	後梁：六百
同光元年五月至七月	楊劉	後梁	後梁：十萬
同光元年六月十五日	馬家口	後梁	後梁：數萬 晉：數千

33 《資治通鑑》卷二六七，頁8728-8736。

34 《資治通鑑》卷二六八，頁8750-8778。

35 《資治通鑑》卷二六九，頁8786-8795。

36 據《冊府元龜》卷三六九、三九六；《舊五代史》卷八、九、二八、二九；《新五代史》卷五、三二；《資治通鑑》卷二六九至二七二。

表二中的戰役既有數以十萬計之大戰役，也有不到一千兵力的少規模戰鬥，戰鬥維時從一天至數個月不等，但從雙方的城市攻防戰數量以及本身戰鬥內容來看，消耗性質趨向無疑相當清晰。

首先，表格中所示的城市攻防戰只是雙方交戰對壘的一部分，梁晉兩軍同時之間各自在隰、邢、洺、澤、鎮、陳、同、華等地都先後發生攻城戰鬥，當中有些達數月至一年之久，比如在龍德元年至二年，晉軍為鎮壓成德鎮叛變，不惜投入數以萬計的兵力，並採取了決河等手段攻城，卻遭到鎮州兵頑強抵抗。晉軍此役雖然獲勝，但不僅耗費一年的時間和資源，更以損兵折將為代價[37]。與城市攻防戰鬥相比，奇襲戰只限於同光元年的鄆州和汴州等個別案例，比例相當有限。由此可見，單從文獻中所反映的情況來看，城市攻防戰已經演變為雙方漫長的對壘。

第二，晉人對於當時對於當時戰爭模式的理解，也可以通過其對奇襲的態度略知一二。同光元年八月，澤州城在援兵到達前已被梁軍攻陷，後梁段凝率領梁軍主力從開封出發渡河北上，欲向剛立國的後唐發動總攻擊之際，實際上雙方都處於生死存亡的邊緣。同光元年的楊劉之戰就透露了「將士疲戰爭、生民苦轉餉」背後的因由：

> ……（五月）己巳，王彥章、段凝以十萬之眾攻楊劉，百道俱進，晝夜不息，連巨艦九艘，橫亙河津以絕援兵。城垂陷者數四，賴李周悉力拒之，與士卒同甘苦，彥章不能克，退屯城南，為連營以守之。
>
> 楊劉告急於帝，請日行百里以赴之；帝引兵救之，曰：「李周在內，何憂！」日行六十里，不廢畋獵，六月，乙亥，至楊

37 《舊五代史》卷二九《唐書・莊宗紀三》，頁453-458。

劉，梁兵塹壘重複，嚴不可入，帝患之，問計於郭崇韜，對曰：「今彥章據守津要，意謂可以坐取東平；苟大軍不南，則東平不守矣。臣請築壘於博州東岸以固河津，既得以應接東平，又可以分賊兵勢。但慮彥章詗知，徑來薄我，城不能就。願陛下募敢死之士，日令挑戰以綴之，苟彥章旬日不東，則城成矣。」時李嗣源守鄆州，河北聲問不通，人心漸離，不保朝夕。會梁右先鋒指揮使康延孝密請降於嗣源，延孝者，太原胡人，有罪，亡奔梁，時隸段凝麾下。嗣源遣押牙臨漳范延光送延孝蠟書詣帝，延光因言於帝曰：「楊劉控扼已固，梁人必不能取，請築壘馬家口以通鄆州之路。」帝從之，遣崇韜將萬人夜發，倍道趣博州，至馬家口渡河，築城晝夜不息。帝在楊劉，與梁人晝夜苦戰。崇韜築新城凡六日，王彥章聞之，將兵數萬人馳至，戊子，急攻新城，連巨艦十餘艘於中流以絕援路。時板築僅畢，城猶卑下，沙土疏惡，未有樓櫓及守備；崇韜慰勞士卒，以身先之，四面拒戰，遣間使告急於帝。帝自楊劉引大軍救之，陳於新城西岸，城中望之增氣，大呼叱梁軍，梁人斷紲斂艦；帝艤舟將渡，彥章解圍，退保鄒家口。鄆州奏報始通。……秋，七月，丁未，帝引兵循河而南，彥章等棄鄒家口，復趣楊劉。甲寅，游弈將李紹興敗梁游兵於清丘驛南。段凝以為唐兵已自上流渡，驚駭失色，面數彥章，尤其深入。……戊午，帝遣騎將李紹榮直抵梁營，擒其斥候，梁人益恐，又以火筏焚其連艦。王彥章等聞帝引兵已至鄒家口，己未，解楊劉圍，走保楊村；唐兵追擊之，復屯德勝。梁兵前後急攻諸城，士卒遭矢石、溺水、暍死者且萬人，委棄資糧、鎧仗、鍋幕，動以千計。楊劉比至圍解，城中無食已三日矣。[38]

---

38 《資治通鑑》卷二七二，頁8886-8889。

這場驚心動魄的楊劉戰役實際上由楊劉和馬家口兩城的戰鬥組成。後梁以十萬大軍大舉進攻控扼楊劉渡口的楊劉城，晉人為鞏固其在黃河沿岸的防線和緩解楊劉守軍的壓力，於是另闢戰場在馬家口臨時築城，以分後梁兵勢。後梁軍隊連日大舉急攻城壘，又出動戰艦阻截晉人的援兵，其人力規模以及激烈戰鬥所造成的糧食及物資消耗的浩大自不消說，從他們撤退時「委棄資糧、鎧仗、鍋幕，動以千計」，雙方後勤物資的消耗程度就能略窺一斑。

至於晉軍方面亦同樣苦於連場城防戰。楊劉守軍在一個多月重圍裡，即使不經歷激烈戰鬥，也要消耗糧食，更何況是馬家口與楊劉兩地都先後遭到後梁軍隊圍攻，「苦戰」一詞也揭示在楊劉重圍以外的後唐軍隊亦深受連場城防戰役所帶來的虛耗損失，所謂「楊劉比至圍解，城中無食已三日矣」，正好表明城中守軍的糧儲已經消耗殆盡。而且他們積極抵禦後梁軍隊的進攻，也使攻城的梁軍蒙受慘重的傷亡，所謂「士卒遭矢石、溺水、暍死者且萬人」，都是守軍大量發射箭鏃的證據。

需要考慮的是，以上只是雙方戰爭晚期的一幕，實際上晉梁兩軍的鬥爭並非始於貞明元年，由唐末上源驛事件以後開始一直相爭了三十多年，而交戰雙方積年累月地於戰場投入大量兵力物力。可想而知，城市攻防戰鬥越多，戰事越懸而未決，對雙方的人力物資消耗以及構成的財政壓力則愈加沉重。天祐十六年（即貞明五年）的德勝之役就揭示了這種情況：

> （天祐）十六年，梁將賀瓌寇德勝南城，圍塹既周，又以艨艟戰艦斷我津渡，百道攻城，萬旅齊進。負芻運石，填塞池塹。我營將士氏延賞於城中多蓄芻草。每賊乘城，束蘊灌膏，燔焰勝天，賊焦爛於下，不可勝紀。莊宗〔李存勗〕馳騎而往於陣

> 北岸，津路不通，延賞告矢石將盡，上積錢帛於軍門，募能破賊船者。於是獻伎者數十，或言能吐火焚舟，或言游水破艦，或言能禁呪兵刃。悉命試之，卒無成功。城中危急，所爭晷漏，虎臣不能勇，智士不能謀，莊宗憂形於色。（李）建及擐甲而進曰:「賊帥傾巢敗死，冀茲一舉。如我師不南，則彼為得計。今豈可限一衣帶水，而縱敵憂君？今日勝負，臣當效命！」遂以巨索聯舟十艘，選效節卒三百人，持斧披鎧，鼓枻而行，中流擊之。賊樓船三層，蒙以牛皮，懸板為楯，如埤堄之制。我船將近，流矢雨集。建及率持斧者入賊艨艟間，斬其竹，破賊懸楯，以矟刺之，於上流取甕百，以木夾口，竹笮維之。又以巨索牽制，積芻薪於上，灌脂沃膏，火發亙天。別維巨艦，中實甲士，乘煙鼓噪，賊斷絙而下，沉溺者殆半，我軍由是得渡。[39]

此段記載的主旨是要突顯李建及在德勝南城一役的關鍵作用，也揭示了攻守雙方在糧草和箭鏃等戰爭物資消耗的程度。但值得注意的是，當德勝南城尚處於最為危急之際，焦急的李存勗首先想到的是懸賞以尋找能出奇制勝者。因此，梁晉雙方正在圍繞黃河沿岸城市堡壘展開具有耗性質的爭奪戰。擺在李存勗軍隊面前的，是如何有效地把軍需物資運送到前線的難題。

正因為梁晉雙方後期總是在黃河渡口的城市要塞長期反覆「死打硬拚」，物資和人員消耗嚴重，晉軍才逼不得已採取近乎賭博式的奇襲策略。實際上，即便如此，後唐君臣對奇襲開封計畫的反應不一，有的卻建議「與之約和，以河為境，休兵息民，俟財力稍集，更圖後

39 《冊府元龜》卷三九六〈將帥部．勇敢三〉，頁4706。

舉」[40]。唯樞密使郭崇韜支持奇襲：

> 陛下興兵仗義，將士疲戰爭、生民苦轉餉者，十餘年矣。況今大號已建，自河以北，人皆引首以望成功而思休息。今得一鄆州，不能守而棄之，雖欲指河為界，誰為陛下守之？且唐未失德勝時，四方商賈，征輸必集，薪芻糧餉，其積如山。自失南城，保楊劉，道路轉徙，耗亡太半。而魏、博五州，秋稼不稔，竭民而斂，不支數月，此豈按兵持久之時乎？臣自康延孝來，盡得梁之虛實，此真天亡之時也。願陛下分兵守魏，固楊劉，而自鄆長驅搗其巢穴，不出半月，天下定矣！[41]

德勝城控扼橋渡，位處南北交通線，五代後期至北宋時期成為澶州城址的所在，晉軍因此能藉此徵集大量的軍需物資[42]。所謂「將士疲戰爭、生民苦轉餉者，十餘年矣」，指的就是李存勗繼位以來晉汴兩軍的多年血戰。交戰雙方積年累月地在戰場上投入大量兵力，城防戰鬥越多，戰事越懸而未決，對雙方構成的財政壓力則越重。後梁既然一向甚少有讓晉軍作大縱深突破的機會。而這次後梁居然率大軍渡河作戰，使開封城守備空虛。於是，李存勗派遣李嗣源和剛從後梁來投的康延孝前往奪取開封城。

同年九月下旬至十月初，李嗣源的騎兵部隊先後在鄆州和中都擊敗王彥章殘部，李嗣源隨即以小股騎兵對兵力空虛的開封發動奇襲。

---

40 《資治通鑑》卷二七二，頁8890-8893。

41 《新五代史》卷二四〈郭崇韜傳〉，頁280-281。

42 李孝聰：〈西元十至十二世紀華北平原北部亞區交通與城市地理的研究〉，收入《中國城市的歷史空間》，頁23-24。

隨著開封陷落，後梁正式滅亡[43]。因此，與其說晉軍受自身騎兵傳統和當時的突襲風氣所影響而貿然奇襲開封，倒不如認為更深層次的原因，在於雙方在沿河一帶長期承受著逐城據守所引發的虛耗，在戰爭末期近乎處於財政崩潰的邊緣只能通過不需要長期大量兵力、器械或後勤物資投入的奇襲手段擺脫困局。

結語

綜上所述，李氏沙陀軍隊的戰爭模式經歷了較大變化。在李克用時代，晉軍具有明顯騎兵作戰的傳統，其戰爭模式也有顯著的攻強守弱的傾向，強於野戰而拙於守城。面對擅長盤踞的朱溫步步進逼下，晉軍只能退守河東。但李存勗在十世紀初繼承河東帥位後，本來與朱溫的抗衡中處於不利位置的晉人，卻能扭轉劣勢，不僅保住其在河東的據點，更透過征服幽州和得到魏博的歸附後取得突破性發展。在黃河一線與後梁爭奪城壘的過程中，晉軍逐步適應跨河作戰的模式，展現出對城市攻防技戰術的高度掌握，其後勤補給模式也擺脫以往比較明顯的遊牧色彩，克服了跨河作戰的技術困難，設立了以依託黃河渡口的作戰補給線，對後梁軍隊的戰爭模式亦步亦趨，最終能擊滅後梁，成功在華北中原地區建立後唐政權，表明逐城據守成為了當時華北中原地區主要的戰爭模式。

43 《舊五代史》卷二九〈唐書·莊宗紀三〉至卷三〇〈唐書·莊宗紀四〉，頁464、469-470。有關晉軍奇襲後梁開封一戰過程，並見方積六：《五代十國軍事史》，頁112-114。

結論

唐末五代時期無疑是後世眼中不折不扣的亂世。但如果從更嚴謹的軍事史角度來看，這個所謂亂世的歷史時期，無論從統計還是從攻防武器、器具、城防設施的發展情況來看，都可以更準確地理解為以城市攻防戰為重要內容的戰爭動亂時期。

根據統計結果，唐末五代時期城市攻防戰不僅頻繁，而且遍布全國各地。不僅包括李克用和李存勗沙陀軍事集團為了在北方黃河流域爭霸，與其他北方軍閥連年圍繞城市展開爭奪，連唐末以前遠離兵革的江淮南方地區城市，也成為地方軍閥或勢力爭逐的目標。圍繞城市展開冗長的攻防戰爭成為當時南北兩地的共有現象。

至於從攻防器械和城市城防設施的發展來看，也展現了城市攻防戰的盛行。當時爭奪城市的軍閥或地方軍隊，在長期的戰爭中逐步適應了城市攻防戰的需要，特別是對弩、拋石機等射遠武器尤為注重。城市為免落入敵軍手中，就必然要提升其防禦能力，因此修築、擴建城牆，對城牆各種城防設施進行升級、改造工程活動也在全國各地雨後春筍般出現。儘管城市攻防術和築城技術由來已久，絕非當時的新近發明，但唐末五代時期無疑是中古時期城市攻防和築城術得到有效和大規模發展的歷史階段。

要在當時的環境中崛起，必然要適應當時戰爭需要。像後漢、楊吳這些晚唐五代時期具有相當軍事實力的割據勢力，在技戰術、戰爭策略、後勤運輸等方面都展現了其成熟的一面，也標誌著據城自守為當時不少勢力進行防衛的重要方式。而從李克用和李存勗沙陀軍事集團的案例也表明，當時即使以騎兵傳統崛起，並且具有強烈野戰傾向的軍事勢力，就必須轉型適應以逐城據守為主導的戰爭，才可以在軍事和政治方面力壓敵方。當然，戰爭變成每城必爭，本身就是城市變得日趨重要的結果。戰爭和城市發展，恰好就是唐末五代「亂世」的主要時代特徵。

附錄一

唐末時期（西元 860-906 年）城市攻防戰列表*

時間 （括號內為維時）	地點 （道／州、縣）	攻／守方	戰果
大中十四年三月至四月	江南／象山	裘甫／唐	攻城軍退
大中十四年六月十二日至七月九日	江南／剡縣	唐／裘甫	出降
咸通二年七月	嶺南／邕州	南詔／唐	攻陷
咸通二年七月	劍南／邛崍關	南詔／唐	不詳
咸通三年十一月至翌年正月	嶺南／交州	南詔／唐	攻陷
咸通五年三月（五日）	嶺南／邕州	南詔／唐	攻城軍退
咸通七年六月至十月	嶺南／交州	唐／南詔	攻陷
咸通九年九月	河南／宿州	龐勛／唐	攻陷
咸通九年九月十四日至十七日	河南／徐州	龐勛／唐	攻陷
咸通九年九月至十年四月	河南／泗州	龐勛／唐	攻城軍退
咸通九年十一月至十二月	河南／都梁城	龐勛／唐	攻陷
咸通九年十一月	淮南／滁州	龐勛／唐	攻陷
咸通九年十一月	淮南／和州	龐勛／唐	守軍投降
咸通九年十二月至十年正月	淮南／壽州	龐勛／唐	攻城軍退

* 據《舊唐書》、《新唐書》、《舊五代史》、《新五代史》、《資治通鑑》卷二五〇至二六五、《冊府元龜》、《九國志》、《吳越備史》卷一、《文苑英華》及《嘉定鎮江志》等文獻所編。

時間 （括號內為維時）	地點 （道／州、縣）	攻／守方	戰果
咸通十年正月至四月	河南／豐縣	唐／龐勛	攻城軍退
咸通十年三月	河南／柳子	唐／龐勛	不克
咸通十年四月	河南／滕縣	唐／龐勛	攻城軍退
咸通十年五月	河南／下邳	唐／龐勛	攻陷
咸通十年六月	河南／小睢寨	唐／龐勛	攻城軍退
咸通十年六月至十月	淮南／濠州	唐／龐勛	攻陷
咸通十年七月至九月	河南／宿州	唐／龐勛	攻陷
咸通十年九月	河南／徐州	唐／龐勛	攻陷
咸通十年九月	河南／宋州	龐勛／唐	不克
咸通十一年正月	劍南／雅州	南詔／唐	不詳
咸通十一年正月至二月	劍南／成都	南詔／唐	攻城軍退
咸通十一年二月（二日）	劍南／邛州	南詔／唐	攻城軍退
乾符元年十二月至二年正月	劍南／雅州	南詔／唐	攻城軍退
乾符二年十二月至三年七月	河南／沂州	王仙芝／唐	攻陷
乾符三年八月至九月二日	河南／汝州	王仙芝／唐	攻陷
乾符三年九月	河南／鄭州	王仙芝／唐	不克
乾符三年十月	山南／唐州	王仙芝／唐	攻陷
乾符三年十月	山南／鄧州	王仙芝／唐	攻陷
乾符三年十一月	山南／郢州	王仙芝／唐	攻陷
乾符三年十一月	山南／復州	王仙芝／唐	攻陷
乾符三年十二月	淮南／舒州	王仙芝／唐	不詳
乾符四年二月	江南／望海鎮	王郢／唐	攻陷
乾符四年二月	江南／台州	王郢／唐	攻陷
乾符四年二月	河南／鄆州	黃巢／唐	攻陷
乾符四年七月廿一日	河南／宋州	黃巢／唐	攻城軍退

時間（括號內為維時）	地點（道／州、縣）	攻／守方	戰果
乾符四年八月	山南／隨州	王仙芝／唐	攻陷
乾符五年正月	山南／江陵	黃巢／唐	被援軍擊退
乾符五年二月	河南／亳州	黃巢／唐	不克
乾符五年二月	江南／饒州	王重隱／唐	攻陷
乾符五年三月	江南／洪州	王重隱／唐	攻陷
乾符五年三月	淮南／和州	王仙芝／唐	被援軍擊退
乾符五年四月至五月	江南／宣州	王仙芝／唐	攻城軍退
約乾符五年五月至六月	江南／潤州	黃巢／唐	攻城軍退
乾符五年八月至十一月	河東／岢嵐軍	李克用／唐	攻陷
乾符五年十一月	河東／石州	李克用／唐	不克
乾符五年冬	河東／神武川	赫連鐸／李克用	攻城軍退
乾符五年十二月十三日	江南／福州	黃巢／唐	攻陷
乾符六年五月（一日）	嶺南／廣州	黃巢／唐	攻陷
乾符六年十月廿七日（一日）	江南／潭州	黃巢／唐	攻陷
乾符六年十月	江南／澧州	黃巢／唐	攻陷
乾符六年十二月	江南／鄂州	黃巢／唐	攻城軍退
廣明元年四月	江南／饒州	唐／黃巢	攻陷
約廣明元年七月（四十日）	淮南／天長	黃巢／唐	攻城軍退
約廣明元年七月	淮南／六合	黃巢／唐	不詳
廣明元年十月	江南／澧州	黃巢／唐	攻陷
廣明元年十二月二日至三日	關內／潼關	黃巢／唐	攻陷
中和元年三月三日	山南／鄧州	黃巢／唐	攻陷
中和元年五月	關內／華州	唐／黃巢	攻陷
中和元年六月	關內／興平	黃巢／唐	守軍撤退

時間（括號內為維時）	地點（道／州、縣）	攻／守方	戰果
中和元年十二月	江南／澧州	向瓌／唐	攻陷
中和二年七月	關內／宜君寨	黃巢／唐	攻陷
中和二年九月至十二月	河東／嵐州	唐／湯群	攻陷
中和二年十月至三年二月	河南／鄆州	魏博／天平	攻城軍退
中和三年二月廿七日至三月廿七日	關內／華州	唐／黃巢	守軍撤退
中和三年五月	河南／蔡州	黃巢／唐	守軍撤退
中和三年六月至翌年四月（三百日）	河南／陳州	黃巢／唐	被援軍擊退
中和三年十月	河東／潞州	河東／昭義	攻陷
中和三年十一月一日	河南／許州	秦宗權／唐	不克
約中和三年至四年間	河南／泗州	時溥／泗	攻城軍退
中和四年三月	關內／瓦子寨	唐／黃巢	攻陷
中和四年三月	江南／婺州	錢鏐／劉漢宏	攻陷
中和四年三月	淮南／舒州	陳儒／淮南	守軍撤退
中和四年三月	淮南／舒州	吳迥、李本／淮南	守軍撤退
中和四年四月	河南／西華	唐／黃巢	守軍撤退
中和四年五月一日至十一日	劍南／鹿頭關	西川／東川	守軍撤退
中和四年五月至六月三日	劍南／梓州	西川／東川	守軍撤退
中和四年十一月	山南／襄州	蔡州／唐	守軍撤退
約中和年間	河南／潁州	蔡州／唐	攻城軍退
光啟元年初至六月	河南／洛陽	蔡州／唐	守軍撤退
光啟元年二月至五月	河北／無極縣	成德／易定	守軍撤退
光啟元年三月至五月	河北／易州	盧龍／易定	攻陷

時間 （括號內為維時）	地點 （道／州、縣）	攻／守方	戰果
光啟元年五月	河北／新城	河東／成德	守軍撤退
光啟元年五月	河北／易州	易定／盧龍	攻陷
光啟元年五月	河北／幽州	李全忠／盧龍	攻陷
光啟元年八月至翌年八月	江南／泉州	王潮／唐	攻陷
光啟元年九月至二年十二月	山南／江陵	蔡州／荊南	守軍撤退
光啟二年正月至五月	關內／大散關	朱玫／唐	不克
光啟二年六月	江南／潭州	周岳／黃皓	攻陷
光啟二年七月	河南／許州	蔡州／忠武	攻陷
光啟二年十一月	河北／邢州	河東／邢洺	攻城軍退
光啟二年十一月	河南／滑州	張驍／義成	不克
光啟二年十二月	河南／鄭州	秦宗權／唐	守軍撤退
光啟三年四月至五月	河南／汴州	蔡州／宣武	被援軍擊退
光啟三年四月九日至廿二日	淮南／揚州	畢師鐸／淮南	攻陷
光啟三年五月（約十日）	淮南／淮口	畢師鐸／呂用之	被援軍擊退
光啟三年五至十月	淮南／揚州	楊行密／畢師鐸	攻陷
光啟三年八月	河南／曹州	宣武／天平	攻陷
光啟三年九月至十月	河南／濮州	宣武／天平	攻陷
光啟三年十月	河南／鄆州	宣武／天平	被守軍殲滅
光啟三年十月	江南／常州	錢鏐／鎮海	攻陷
光啟三年十一月	淮南／高郵	孫儒／高郵	攻陷
光啟三年十一月	劍南／成都	王建／西川	攻城軍退
光啟三年十一月	江南／上元	張雄／趙暉	攻陷
光啟三年十二月	江南／荊南	蔡州／張瓌	攻陷

時間 （括號內為維時）	地點 （道／州、縣）	攻／守方	戰果
光啟三年十二月廿八日	江南／潤州	浙西／劉浩	攻陷
光啟三年十二月至文德元年正月	河南／泗州	宣武／時溥	攻城軍退
文德元年二月	河北／魏州	樂從訓／魏博	攻陷
文德元年三月至四月	河南／河陽	河東／河陽	攻城軍退
文德元年三月	劍南／彭州	王建／西川	攻城軍退
文德元年五月至九月	河南／蔡州	宣武／秦宗權	攻城軍退
文德元年七月	河南／河陽	李罕之／河陽	攻城軍退
文德元年八月至翌年六月	江南／宣州	楊行密／趙鍠	守軍投降
文德元年九月至翌年三月	江南／蘇州	浙西／徐約	攻陷
文德元年十一月	河南／宿州	宣武／武寧	守軍投降
文德元年十一月	河南／許州	秦宗權／忠武	攻陷
龍紀元年六月至翌年正月	河北／邢州	河東／邢洺	守軍投降
龍紀元年八月	河南／徐州	宣武／武寧	攻城軍退
龍紀元年十月至十一月	江南／常州	淮南／吳越	攻陷
大順元年正月十五日至閏九月	劍南／邛州	王建／西川	守軍撤退
大順元年正月至二年八月	劍南／成都	王建／西川	攻陷
大順元年三月	河東／雲州	河東／赫連鐸	守軍撤退
大順元年四月至二年十月五日	河南／宿州	宣武／武寧	守軍投降
大順元年八月至九月	河東／潞州	河東／宣武	守軍撤退
大順元年七月至九月	河東／澤州	唐／河東	攻城軍退
大順元年八月十三日至十二月	江南／潤州	孫儒／楊行密	攻陷
大順元年九月	河東／蔚州	盧龍／河東	攻陷
大順元年九月	河東／遮虜軍	赫連鐸／河東	攻城軍退
大順元年閏九月	江南／常州	孫儒／楊行密	攻陷
大順元年閏九月至十二月	江南／蘇州	孫儒／楊行密	攻陷

時間 （括號內為維時）	地點 （道／州、縣）	攻／守方	戰果
大順元年十月至十一月	河東／絳州	河東／宣武	守軍撤退
大順元年十一月（三日）	河東／晉州	河東／宣武	守軍撤退
大順二年三月	河北／棣州	王師範／平盧	攻陷
大順二年四月至八月	河東／雲州	河東／赫連鐸	守軍撤退
大順二年十月	河北／臨城	河東／成德	攻陷
大順二年十二月	劍南／梓州	山南／東川	守軍撤退
景福元年正月	河北／堯山	盧龍、成德／河東	被援軍擊退
景福元年二月至六月	江南／宣州	孫儒／楊行密	攻城軍敗
景福元年二月至翌年五月	江南／福州	王潮／范暉	攻陷
景福元年二月至乾寧元年五月	劍南／彭州	王建／楊晟	攻陷
景福元年四月至八月	河東／雲州	盧龍／河東	攻城軍敗
景福元年八月二十日	山南／興元	李茂貞／楊復恭	攻陷
景福元年十一月	河南／濮州	宣武／天平	攻陷
景福元年十一月	江南／婺州	孫儒／吳越	攻陷
景福元年十一月至翌年四月	河南／徐州	宣武／武寧	攻陷
景福元年十二月至乾寧元年七月	山南／閬州	李茂貞／楊復恭	攻陷
景福二年二月	淮南／天長鎮	河東／成德	不克
景福二年二月至乾寧元年三月	河北／邢州	河東／李存孝	攻陷
景福二年二月	河南／石佛山寨	宣武／武寧	攻陷
景福二年四月至七月	淮南／廬州	淮南／宣武	攻陷
景福二年八月	江南／歙州	淮南／歙州	守軍投降
景福二年十二月	河南／齊州	宣武／齊州	不克

時間（括號內為維時）	地點（道／州、縣）	攻／守方	戰果
乾寧元年五月至十二月	淮南／黃州	武昌／吳討	攻陷
乾寧元年十一至十二月	河北／新州	河東／盧龍	守軍投降
乾寧元年十二月	河北／幽州	河東／盧龍	守軍投降
乾寧元年十二月	江南／汀州	黃連洞蠻／王潮	被援軍擊退
乾寧二年正月	河南／兗州	宣武／泰寧	攻城軍退
乾寧二年三月	淮南／濠州	淮南／宣武	攻陷
乾寧二年三月三十日至四月	淮南／壽州	淮南／宣武	攻陷
乾寧二年四月	淮南／壽州	宣武／淮南	被守軍擊退
乾寧二年六月（十日）	河東／絳州	河東／保義	攻陷
乾寧二年七月	關內／華州	河東／鎮國	攻城軍退
乾寧二年七月至十月	關內／梨園寨	河東／邠寧	守城軍退
乾寧二年十月至十二月	河南／兗州	宣武／泰寧	攻城軍退
乾寧二年十月至四年四月	江南／嘉興	淮南／浙西	被援軍擊退
乾寧二年十月至十一月五日	關內／龍泉寨	河東／邠寧	攻陷
乾寧二年十一月	關內／邠州	河東／邠寧	攻陷
乾寧二年十一月廿五日	山南／利州	西川／李繼顒	攻陷
乾寧三年正月	劍南／龍州	西川／田昉	攻陷
乾寧三年正月至四年二月	江南／邵州	劉建鋒／蔣勛	攻陷
乾寧三年三月至乾寧四年正月	河南／鄆州	宣武／天平	守軍撤退
乾寧三年三至四月	江南／餘姚	浙西／浙東	守軍投降
乾寧三年四月至五月	江南／蘇州	淮南／浙西	攻陷
乾寧三年四月至五月	江南／越州	浙西／浙東	攻陷
乾寧三年五月	淮南／蘄州	淮南／賈鐸	守軍約降
乾寧三年十一月至翌年正月	江南／婺州	淮南／吳越	不克

時間 （括號內為維時）	地點 （道／州、縣）	攻／守方	戰果
約乾寧三年至四年	江南／東安鎮	淮南／吳越	攻城軍退
乾寧四年正月	江南／睦州	淮南／吳越	攻城軍退
乾寧四年二月十五至廿八日	劍南／瀘州	西川／東川	攻陷
乾寧四年四月至五月	淮南／黃州	宣武／淮南	攻陷
乾寧四年四月至五月	江南／武昌寨	宣武／淮南	攻陷
乾寧四年六月至十月	劍南／梓州	西川／東川	守軍投降
乾寧四年六月至七月	關內／奉天	鳳翔／唐	攻城軍退
乾寧四年七月至翌年九月	江南／蘇州	吳越／淮南	守軍撤退
乾寧四年約十月至十一月	淮南／壽州	宣武／淮南	被援軍擊退
乾寧五年三月至九月	江南／崑山鎮	吳越／淮南	守軍投降
乾寧五年四月廿八日至廿九日	河北／洺州	宣武／河東	攻陷
乾寧五年五月一日	河北／邢州	宣武／河東	守軍撤退
乾寧五年五月	河北／磁州	宣武／河東	攻陷
乾寧五年五月	江南／衡州	湖南／楊師遠	攻陷
乾寧五年五月（一個多月）	江南／永州	湖南／唐世旻	攻陷
乾寧五年七月	山南／隨州	宣武／荊襄	攻陷
光化元年閏十月至翌年五月	江南／婺州	吳越／王壇	被援軍擊退
光化元年十二月	河東／沁州	李罕之／晉	攻陷
光化元年十二月	河東／澤州	晉／李罕之	攻陷
光化二年正月	河北／貝州	盧龍／魏博	攻陷
光化二年正月至三月	河北／魏州	盧龍／魏博	攻城軍退
光化二年四月（一日）	河東／澤州	宣武／河東	攻陷
光化二年五月七日至十日	河東／潞州	河東／宣武	被援軍擊退
光化二年八月五日至八日	河東／澤州	河東／宣武	守城軍退
光化二年八月	河東／潞州	河東／宣武	守城軍退

時間 （括號內為維時）	地點 （道／州、縣）	攻／守方	戰果
光化二年十月	河南／密州	淮南／宣武	攻（陷）
光化二年十月	河南／沂州	淮南／宣武	不克
光化二年十一月	江南／連州	湖南／魯景仁	攻陷
光化三年正月至八月	江南／睦州	淮南／吳越	攻城軍退
光化三年五月四日	河北／德州	宣武／盧龍	攻陷
光化三年五月	河北／滄州	宣武／盧龍	與守軍約和
光化三年八月	河北／洺州	河東／宣武	攻陷
光化三年九月	河北／洺州	宣武／河東	守城軍退
光化三年九月	河北／鎮州	宣武／成德	與守軍約和
光化三年十月二日	河北／景州	宣武／盧龍	攻陷
光化三年十月（九日）	嶺南／桂州	湖南／靜江	守軍投降
光化三年十月廿七日	河北／祁州	宣武／盧龍	攻陷
光化三年十月	河北／定州	宣武／易定	與守軍約和
光化三年十月	河南／懷州	河東／宣武	攻陷
光化三年十月	河南／河陽	河東／宣武	攻城軍退
光化四年二月一日	河東／澤州	河東／宣武	攻陷
光化四年二月六日至九日	河東／河中	宣武／河中	守軍投降
天復元年四月（三日）	河東／太原	宣武／河東	攻城軍退
天復元年四月（三日）	河東／汾州	河東／汾州	攻陷
天復元年八至十二月	江南／臨安	淮南／兩浙	與守軍約和
天復元年十一月	關內／鳳翔	宣武／鳳翔	攻城軍退
天復元年十一月廿七日至廿九日	關內／邠州	宣武／鳳翔	守軍投降
天復元年十二月十一日至二十日	關內／盩厔	宣武／鳳翔	攻陷
天復元年十二月	江南／撫州	鍾傳／危全諷	與守軍約和
天復二年正月至二月	河東／慈州	河東／宣武	攻陷

時間 （括號內為維時）	地點 （道／州、縣）	攻／守方	戰果
天復二年正月至二月	河東／隰州	河東／宣武	攻陷
天復二年三月十五日至廿一日	河東／太原	宣武／河東	攻城軍退
天復二年六月至翌年正月	關內／鳳翔	宣武／鳳翔	守軍投降
天復二年六月	河南／宿州	楊吳／宣武	攻城軍退
天復二年八月	山南／三泉	西川／山南西	不克
天復二年八月	山南／西縣	西川／山南西	攻陷
天復二年八月	劍南／馬盤寨	西川／山南西	守軍撤退
天復二年八月	山南／興元	西川／山南西	守軍投降
天復二年十一月十二日	關內／鄜州	宣武／鳳翔	攻陷
天復二年十一月至十二月	江南／杭州	田頵／吳越	攻城軍退
天復二年十二月	嶺南／潮州	盧光稠／嶺南	攻城軍退
天復二年十二月	嶺南／韶州	嶺南／盧光稠	被援軍擊退
天復三年正月	關內／華州	淄青／宣武	攻城軍退
天復三年三月十七日	河南／齊州	淄青／宣武	被守軍擊退
天復三年三月至八月	江南／鄂州	楊吳／杜洪	攻城軍退
天復三年三月至十一月	河南／兗州	宣武／淄青	守軍投降
天復三年四月	河南／宿州	宣武／楊吳	攻城軍退
天復三年五月	河東／雲州	河東／王敬暉	守軍撤退
天復三年五月	河東／振武	河東／振武	攻陷
天復三年五月（一個多月）	河南／博昌	宣武／淄青	攻陷
天復三年五月	河南／密州	淄青、楊吳／宣武	攻陷
天復三年五月至六月	河南／登州	宣武／淄青	攻陷
天復三年七月至九月	河南／青州	宣武／淄青	守軍投降
天復三年八月至九月	江南／潤州	楊吳／安仁義	攻城軍退

時間 （括號內為維時）	地點 （道／州、縣）	攻／守方	戰果
天復三年九月	河北／棣州	宣武／淄青	攻陷
天復三年十月至十二月	江南／宣州	楊吳／寧國	攻陷
天復三年十月至天祐二年正月	江南／潤州	楊吳／寧國	守軍投降
天復中	江南／無錫	吳越／楊吳	攻城軍退
天祐元年三月至二年二月	江南／鄂州	楊吳／杜洪	攻陷
天祐元年十月至十一月	淮南／光州	楊吳／宣武	攻城軍退
天祐二年正月至十二月	江南／睦州	吳越／楊吳	被援軍擊退
天祐二年正月一日至廿八日	淮南／壽州	宣武／楊吳	攻城軍退
天祐二年四月至九月	江南／婺州	楊吳／吳越	攻陷
天祐二年九月至翌年正月	江南／婺州	吳越／楊吳	攻陷
天祐三年正月至八月	江南／衢州	吳越／楊吳	守軍撤退
天祐三年四月	河北／高唐	宣武／魏博	攻陷
天祐三年四月（七日）	河北／邢州	河東／宣武	攻城軍退
天祐三年四月	河北／宗城	成德／魏博	守軍撤退
天祐三年七月至九月	江南／洪州	楊吳／鎮南	攻陷
天祐三年九月至十月	關內／夏州	靜難／夏州	被援軍擊退
天祐三年九月至十二月	河北／滄州	宣武／河東	攻城軍退
天祐三年十月至閏十二月	河東／潞州	河東／宣武	守軍投降
天祐三年十二月	河東／澤州	河東／宣武	被守軍擊退

附錄二

五代十國時期（西元 907-959 年）城市攻防戰列表*

時間 （括號內為維時）	地點 （道／州、縣）	攻／守方	戰果
開平元年四月三日	河北／幽州	後梁／盧龍	攻城軍退
開平元年五月底至翌年五月	河東／潞州	後梁／河東	被援軍擊退
開平元年六月	江南／洪州	楚／楊吳	不克
開平元年六月	山南／江陵	武貞、楚／荊南	攻城軍退
開平元年七月	江南／岳州	武貞／楚	不克
開平元年十月至二年五月	山南／朗州	楚／武貞	攻陷
開平元年十一月廿九日至十二月廿一日	河南／潁州	楊吳／後梁	攻城軍退
開平二年五月（十三日）	河東／澤州	河東／後梁	攻城軍退
開平二年九月至翌年四月	江南／蘇州	楊吳／吳越	被援軍擊退
開平二年九月八日至廿七日	河東／晉州	河東／後梁	攻城軍退
開平二年十一月	淮南／廬州	後梁／楊吳	不克
開平二年十一月	淮南／壽州	後梁／楊吳	不克
開平三年三月	關內／丹州	後梁／岐	攻陷
開平三年四月一日至五日	關內／延州	後梁／岐	守軍投降

* 據《舊五代史》、《新五代史》、《資治通鑑》卷二六六至二九四、《冊府元龜》、馬令《南唐書》、《九國志》、《吳越備史》、《宋史》、《遼史》及《全唐文》等文獻所編。

時間 （括號內為維時）	地點 （道／州、縣）	攻／守方	戰果
開平三年五月至四年正月四日	河北／滄州	盧龍／滄德	守軍投降
開平三年六月	江南／高安	楚／楊吳	攻城軍退
開平三年八月	山南／房州	宣武／前蜀	攻陷
開平三年八月	河東／晉州	河東／宣武	攻城軍退
開平三年八月廿八日至九月五日	山南／襄州	荊南／李洪	攻陷
開平三年十一月至十二月廿八日	關內／靈州	岐／後梁	攻城軍退
開平三年十一月	關內／寧州	後梁／岐	攻陷
開平三年十一月	關內／衍州	後梁／岐	攻陷
開平四年七月至九月	關內／夏州	岐、晉／定難	攻城軍退
開平四年十二月	河北／深州	成德／宣武	不克
開平四年十二月	嶺南／高州	南漢／劉昌魯	不克
開平四年十二月	嶺南／容州	南漢／寧遠	不克
乾化元年正月十四日至二月十七日	河北／邢州	河東／後梁	攻城軍退
乾化元年二月四日至十七日	河北／魏州	河東／魏博	攻城軍退
乾化元年八月廿四日至十一月十九日	山南／西縣	岐／前蜀	被援軍擊退
乾化元年十月	山南／利州	前蜀／岐	攻陷
乾化元年十一月	山南／金牛	前蜀／岐	攻陷
乾化元年十二月	嶺南／韶州	南漢／譚全播	攻陷
乾化二年正月	河東／沁州	後梁／河東	攻城軍退
乾化二年正月至翌年十一月	河北／幽州	河東／燕	守軍投降
乾化二年三月（十日）	河北／棗強	後梁／成德	攻陷

時間 （括號內為維時）	地點 （道／州、縣）	攻／守方	戰果
乾化二年三月	河北／蓨縣	後梁／成德	被援軍擊退
乾化二年三月底至五月十一日	江南／宣州	楊吳／宣州	守軍投降
乾化二年九月底至十月	河東／河中	後梁／護國	被援軍擊退
乾化二年十二月五日	山南／文州	前蜀／岐	攻陷
乾化三年三月	河東／武州	燕／河東	攻城軍退
乾化三年五月至六月	江南／廣德	吳越／吳	攻陷
乾化三年十一月	淮南／廬州	後梁／吳	不克
乾化四年十月至翌年二月	河南／徐州	後梁／武寧	攻陷
貞明元年五月至十一月	關內／邠州	岐／後梁	不克
貞明元年八月	河東／隰州	後梁／河東	攻城軍退
貞明元年八月	河東／慈州	後梁／河東	攻城軍退
貞明元年八月	河北／魏縣	後梁／河東	攻陷
貞明元年八月至二年九月	河北／貝州	河東／魏博	守軍投降
貞明二年二月	河東／太原	後梁／河東	攻城軍退
貞明二年三月一日至八日	河北／衛州	河東／後梁	守軍投降
貞明二年三月	河北／磁州	河東／後梁	攻陷
貞明二年三月至四月	河北／洺州	河東／後梁	攻陷
貞明二年六月至八月	河北／邢州	河東／後梁	守軍投降
貞明二年八月	河東／蔚州	契丹／河東	攻陷
貞明二年八月至九月	河東／雲州	契丹／河東	攻城軍退
貞明二年十月	關內／鳳翔	前蜀／岐	攻城軍退
貞明二年十一月至翌年正月	河南／潁州	楊吳／後梁	攻城軍退
貞明三年二月（數日）	河北／黎陽	河東／後梁	攻城軍退
貞明三年三月	河東／新州	盧文進、契丹／河東	攻陷

時間 （括號內為維時）	地點 （道／州、縣）	攻／守方	戰果
貞明三年三月	河東／新州	河東／盧文進、契丹	被援軍擊退
貞明三年三月至八月廿四日	河東／幽州	契丹／河東	被援軍擊退
貞明三年十二月廿三日	河南／楊劉	河東／後梁	攻陷
貞明四年二月至十一月	江南／虔州	楊吳／譚全播	攻陷
貞明四年二月廿一日至六月廿三日	河南／楊劉	後梁／河東	被援軍擊退
貞明四年七月	江南／信州	吳越／吳	攻城軍退
貞明四年八月至翌年十月	河南／兗州	後梁／泰寧	攻陷
貞明五年三月	關內／隴州	前蜀／岐	不克
貞明五年四月	河南／德勝南城	後梁／河東	被援軍擊退
貞明五年十一月至翌年正月	淮南／安州	楊吳／後梁	不克
貞明六年閏六月至九月	關內／同州	後梁／河中	被援軍擊退
貞明六年九月	關內／華州	河東／後梁	攻城軍退
龍德元年四月至七月	河南／陳州	後梁／朱友能	守軍投降
龍德元年九月至翌年三月	河北／鎮州	河東／成德	被守軍擊退
龍德元年十二月二十日	河北／幽州	契丹／河東	攻城軍退
龍德元年十二月（十日）	河北／涿州	契丹／河東	攻陷
龍德二年正月至二月	河北／德勝北城	後梁／河東	攻城軍退
龍德二年四月四至八日	河北／薊州	契丹／河東	攻陷
龍德二年五月六日至九月廿九日	河北／鎮州	河東／成德	攻陷
同光元年三月至八月	河東／澤州	後梁／後唐	攻陷
同光元年五月十八日	河南／德勝南城	後梁／後唐	攻陷
同光元年五月二十六日至七月十七日	河南／楊劉	後梁／後唐	攻城軍退

時間（括號內為維時）	地點（道／州、縣）	攻／守方	戰果
同光元年六月十五日	河北／馬家口	後梁／後唐	攻城軍退
同光三年十二月至翌年正月	江南／汀州	陳本／閩	被援軍殲滅
同光四年二月中至三月六日	後唐／魏州	後唐／魏博	兵變
同光四年二月底至三月九日	劍南／漢州	後唐／李紹琛	攻陷
天成二年三月底至五月二十日	山南／江陵	後唐／荊南	攻城軍退
天成二年十月九日至十一日	河南／汴州	後唐／朱守殷	守軍投降
天成三年三月	嶺南／封州	楚／南漢	被援軍擊退
天成三年四月二十六日至翌年二月二日	河北／定州	後唐／義武	守軍投降
天成三年十月底至十二月初	關內／慶州	後唐／竇廷琬	攻陷
長興元年四月（五日）	河東／河中	後唐／河中	攻陷
長興元年九月十日至二十日	山南／閬州	兩川／後唐	攻陷
長興元年十月三日至翌年正月十一日	劍南／遂州	兩川／後唐	攻陷
長興二年四月十五日至十六日	江南／福州	王延稟／閩	攻城軍被殲滅
長興二年十二月	嶺南／交州	楊廷藝／南漢	攻陷
長興二年十二月	嶺南／交州	南漢／楊廷藝	被守軍擊退
長興四年五月至七月	關內／夏州	後唐／定難	攻城軍退
應順元年正月	江南／建州	楊吳／閩	被守軍擊退
應順元年三月	關內／鳳翔	後唐／潞王	兵變
清泰元年十月	山南／文州	後唐／後蜀	攻城軍退
清泰二年九月	山南／金州	後蜀／後唐	被守軍擊退
清泰三年四月	嶺南／蒙州	南漢／楚	攻城軍退
清泰三年六月	河北／魏州	後唐／魏博	攻陷

時間 （括號內為維時）	地點 （道／州、縣）	攻／守方	戰果
清泰三年七月至九月	河東／太原	後唐／河東	被援軍擊敗
清泰三年九月十六日至閏十一月九日	河東／晉安寨	契丹／後唐	守軍投降
天福二年二月至六月	河東／雲州	契丹／大同	攻城軍退
天福二年七月二十八日至翌年九月	河北／魏州	後晉／魏博	守軍投降
天福三年十月	嶺南／交州	南漢／吳權	被守軍擊退
天福四年十一月至翌年一月	江南／溪州	楚／彭士愁	守軍投降
天福五年二月至三月	江南／建州	閩／建州	被守軍擊退
天福五年四月至五月	江南／建州	吳越／建州	被守軍擊退
天福六年六月至十二月	河東／朔州	契丹／朔州	攻陷
天福六年十一月	山南／鄧州	山南東／後晉	攻城軍退
天福六年十一月底至翌年八月	山南／襄州	後晉／山南東	攻陷
天福六年十二月至翌年正月二日	河北／鎮州	後晉／成德	攻陷
天福七年六月至七月	江南／汀州	建州／閩	不克
天福八年四月	江南／福州	殷／閩	不克
開運元年正月二日至六日	河北／貝州	契丹／後晉	攻陷
開運元年正月初	河北／魏州	契丹／後晉	攻城軍退
開運元年二月五日	河北／馬家口	後晉／契丹	攻陷
開運元年二月十九日	河北／棣州	青州／後晉	攻城軍退
開運元年三月	河北／德州	契丹／後晉	攻陷
開運元年五月至十二月	河南／青州	後晉／淄青	守軍投降
開運二年二月（一日）	河北／祁州	契丹／後晉	攻陷
開運二年二月三日	河北／易州	契丹／後晉	攻城軍退

時間（括號內為維時）	地點（道／州、縣）	攻／守方	戰果
開運二年二月至八月廿四日	江南／建州	南唐／閩	攻陷
開運三年八月二十日至翌年三月十四日	江南／福州	南唐／福州	被援軍擊退
天福十二年二月	山南／鳳州	後蜀／後晉	攻城軍退
天福十二年二月	河東／代州	後漢／契丹	攻陷
天福十二年二月	河南／陜州	契丹／後漢	不克
天福十二年二月廿六至廿七日	河北／澶州	王瓊／契丹	攻城軍退
天福十二年二月	河南／亳州	草寇／亳州	攻陷
天福十二年二月	河南／宋州	草寇／宋州	不克
天福十二年二月	河南／徐州	草寇／徐州	攻城軍退
天福十二年三月至四月	山南／鳳州	後蜀／後漢	守軍投降
天福十二年四月四日	河北／相州	契丹／相州	攻陷
天福十二年四月	河南／鄭州	張遇／方太	攻城軍退
天福十二年五月	河東／澤州	後漢／澤州	守軍投降
天福十二年五月	河東／絳州	後漢／絳州	守軍投降
天福十二年七月	河北／邢州	後漢／契丹	不克
天福十二年閏七月至十一月廿七日	河北／魏州	後漢／杜重威	守軍投降
乾祐元年四月至翌年五月	關內／長安	後漢／趙思綰	守軍投降
乾祐元年八月至翌年七月廿一日	河東／河中	後漢／河中	攻陷
乾祐元年十月三日至翌年十二月廿四日	關內／鳳翔	後漢／鳳翔	守軍投降
乾祐元年十二月	嶺南／賀州	楚／南漢	被守軍擊退
乾祐三年二月	江南／福州	南唐／吳越	被守軍擊退

時間 （括號內為維時）	地點 （道／州、縣）	攻／守方	戰果
乾祐三年十月	江南／益陽	朗州／楚	攻陷
乾祐三年十一月	江南／玉潭鎮	朗州／楚	攻陷
乾祐三年十一月	江南／岳州	朗州／楚	攻城軍退
乾祐三年十二月	江南／潭州	朗州／楚	攻陷
乾祐三年十一月（五日）	河北／內丘	契丹／後漢	攻陷
廣順元年正月至三月	河南／徐州	後周／鞏廷美	攻陷
廣順元年二月六日至十一日	河東／晉州	北漢／後周	攻城軍退
廣順元年二月（兩晚）	河東／隰州	北漢／後周	攻城軍退
廣順元年十月至十二月	河東／晉州	北漢、契丹／後周	攻城軍退
廣順二年一月十五日至五月廿二日	河南／兗州	後周／泰寧	攻陷
廣順二年十月九日	江南／益陽	武平／南唐	攻陷
廣順三年正月	河北／義豐軍	後周／契丹	被守軍擊退
顯德元年四月（數日）	河東／汾州	後周／北漢	守軍投降
顯德元年四月（數日）	河東／遼州	後周／北漢	守軍投降
顯德元年四月初至廿日	河東／沁州	後周／北漢	守軍投降
顯德元年四月（數日）	河東／石州	後周／北漢	攻陷
顯德元年四月至六月三日	河東／太原	後周／北漢	攻城軍退
顯德元年六月	河東／代州	北漢／桑珪	攻陷
顯德二年七月至十一月	山南／鳳州	後周／後蜀	攻陷
顯德二年十二月十日至三年正月	淮南／壽州	後周／南唐	攻城軍退
顯德三年正月廿二日至四年三月二十日	淮南／壽州	後周／南唐	守軍投降

時間 （括號內為維時）	地點 （道／州、縣）	攻／守方	戰果
顯德三年二月廿七日	江南／長山寨	武平／南唐	攻陷
顯德三年三月	江南／宣州	吳越／南唐	不克
顯德三年三月	江南／常州	吳越／南唐	擊敗攻城軍
顯德三年三月	淮南／舒州	後周／南唐	攻陷
顯德三年四月	淮南／揚州	南唐／後周	擊敗攻城軍
顯德四年十一月六日至十二月十日	河南／濠州	後周／南唐	守軍投降
顯德四年十一月廿三日至十二月三日	河南／泗州	後周／南唐	守軍投降
顯德四年十二月十六日至翌年正月廿五日	淮南／楚州	後周／南唐	攻陷
顯德四年十二月至翌年二月	淮南／天長縣	後周／南唐	守軍投降
顯德五年二月廿三日	淮南／舒州	後周／南唐	攻陷
顯德五年二月	河東／隰州	北漢／後周	攻城軍退
約顯德末年	河南／高密	南唐／後周	攻城軍退

參考文獻

一　古籍

《(寶慶) 四明志》　羅濬等纂　《宋元方志叢刊》第5冊　北京市　中華書局　1990年
《冊府元龜》　王欽若等編　北京市　中華書局　1960年
《(淳熙) 三山志》　梁克家纂修　《宋元方志叢刊》第8冊　北京市　中華書局　1990年
《(淳祐) 臨安志》　施諤撰，阮元輯　《宛委別藏》本　南京市　江蘇古籍出版社　1988年
《釣磯立談》　史溫撰　收入《全宋筆記》第1編第4冊　鄭州市　大象出版社　2003年
《大唐創業起居注》　溫大雅撰　上海市　上海古籍出版社　1983年
《讀史方輿紀要》　顧祖禹撰，賀次君、施和金點校　北京市　中華書局　2005年
《桂林風土記》　莫休符著　叢書集成初編版　北京市　商務印書館　1936年
《桂苑筆耕集校注》　崔致遠撰，党銀平校注　北京市　中華書局　2007年
《虎鈐經》　許洞撰　《中國兵書集成》第6冊　影印李盛鐸藏明刻本　北京市　解放軍出版社　瀋陽市　遼瀋書社　1992年

《(嘉定)鎮江志》　盧憲撰，阮元輯　《宛委別藏》本　南京市　江蘇古籍出版社　1988年
《建寧府志》　夏玉麟、汪佃修纂　福建省地方志編纂委員會整理　廈門市　廈門大學出版社　2009年
《(景定)建康志》　周應合撰　《宋元方志叢刊》第2冊　北京市　中華書局　1990年
《九國志》　路振撰，吳再慶、吳嘉騏校點　收入傅璇琮、徐海榮、徐吉軍主編　《五代史書彙編》六　杭州市　杭州出版社　2004年
《舊唐書》　劉昫等撰　北京市　中華書局　1975年
《舊五代史》　薛居正等撰　北京市　中華書局　2015年
《李德裕文集校箋》　李德裕撰，周建國、傅璇琮校箋　北京市　中華書局　2018年
《遼史》　脫脫等撰　北京市　中華書局　2016年
《蠻書校注》　樊綽撰，向達校注　北京市　中華書局　1962年
《毛詩正義》　毛亨傳，鄭玄箋，孔穎達等疏　《十三經注疏》　阮元校刻　北京市　中華書局　1980年
《夢溪筆談》　沈括撰，金良年點校　北京市　中華書局　2015年
《南唐近事》　鄭文寶撰，張劍光校點　收入傅璇琮、徐海榮、徐吉軍主編　《五代史書彙編》九　杭州市　杭州出版社　2004年
《南唐書》　陸游撰，李建國校點　收入傅璇琮、徐海榮、徐吉軍主編　《五代史書彙編》九　杭州市　杭州出版社　2004年
《南唐書》　馬令撰，李建國校點　收入傅璇琮、徐海榮、徐吉軍主編　《五代史書彙編》九　杭州市　杭州出版社　2004年
《莆陽黃御史集》　黃滔撰　叢書集成初編本　上海市　商務印書館　1936年

《清異錄》　陶穀撰　收入《全宋筆記》第1編第2冊　鄭州市　大象出版社　2003年
《全唐文》　董誥等編　北京市　中華書局　1983年
《容齋隨筆》　洪邁撰，孔凡禮點校　北京市　中華書局　2005年
《三楚新錄》　周羽翀撰，余鋼校點　收入傅璇琮、徐海榮、徐吉軍主編　《五代史書彙編》十　杭州市　杭州出版社　2004年
《三國志》　陳壽撰　北京市　中華書局　1959年
《十國春秋》　吳任臣撰　北京市　中華書局　1983年
《宋本冊府元龜》　王欽若等編　北京市　中華書局　1989年
《宋史》　脫脫等撰　北京市　中華書局　1977年
《隋書》　魏徵等撰　北京市　中華書局　1973年
《孫子譯注》　李零譯注　北京市　中華書局　2009年
《太白陰經》　李筌撰　中國兵書集成編委會　《中國兵書集成》第2冊　影印守山閣叢書本　北京市　解放軍出版社　瀋陽市　遼瀋書社　1988年
《太平廣記》　李昉等編　北京市　中華書局　1961年
《太平寰宇記》　樂史撰，王文楚點校　北京市　中華書局　2007年
《太平御覽》　李昉等編　北京市　中華書局　1960年
《唐大詔令集》　宋敏求編　北京市　中華書局　2008年
《唐國史補》　李肇撰　上海市　上海古籍出版社　1979年
《唐會要》　王溥撰　上海市　上海古籍出版社　2006年
《唐六典》　李林甫等撰，陳仲夫點校　北京市　中華書局　1992年
《唐語林校證》　王讜撰，周勛初校證　北京市　中華書局　2008年
《通典》　杜佑撰，王文錦等點校　北京市　中華書局　1988年
《文苑英華》　李昉等編　北京市　中華書局　1966年
《五代史補》　陶岳撰，顧薇薇校點　收入傅璇琮、徐海榮、徐吉軍主編　《五代史書彙編》五　杭州市　杭州出版社　2004年

《五代史闕文》 王禹偁撰，顧薇薇點校 收入傅璇琮、徐海榮、徐吉軍主編 《五代史書彙編》四 杭州市 杭州出版社 2004年

《武經總要》 曾公亮、丁度撰 《中國兵書集成》第3冊 影印唐富春刊本 北京市 解放軍出版社 瀋陽市 遼瀋書社 1988年

《吳郡志》 范成大撰，陸振岳校點 南京市 江蘇古籍出版社 1999年

《吳越備史》 錢儼撰，李最欣校點 收入傅璇琮、徐海榮、徐吉軍主編 《五代史書彙編》十 杭州市 杭州出版社 2004年

《（咸淳）毗陵志》 史能之撰 《宋元方志叢刊》第3冊 北京市 中華書局 1990年

《新唐書》 歐陽脩、宋祁撰 北京市 中華書局 1975年

《新五代史》 歐陽脩撰，徐無黨注 北京市 中華書局 2015年

《續資治通鑑長編》 李燾著 北京市 中華書局 1979年

《永樂大典方志輯佚》 馬蓉等點校 北京市 中華書局 2004年

《元豐九域志》 王存撰，王文楚、魏嵩山點校 北京市 中華書局 1984年

《元和郡縣圖志》 李吉甫撰，賀次君點校 北京市 中華書局 1983年

《雲麓漫鈔》 趙彥衛撰，傅根清點校 北京市 中華書局 1996年

《（正德）姑蘇志》 王鏊等修纂 《中國史學叢書》本 臺北市 臺灣學生書局 1986年

《資治通鑑》 司馬光著，胡三省音注 北京市 中華書局 1956年

二　中文專著

愛德華・魯特瓦克（Edward Luttwak）著　軍事科學院外國軍事研究部譯　《戰略——戰爭與和平的邏輯》　北京市　解放軍出版社　1990年

岑仲勉　《墨子城守各篇簡注》　北京市　中華書局　1987年

查爾斯・巴克斯著，林超民譯　《南詔國與唐代的西南邊疆》　昆明市　雲南人民出版社　1988年

陳　述　《契丹政治史稿》　北京市　人民出版社　1986年

陳寅恪　《金明館叢稿初編》　北京市　生活・讀書・新知三聯書店　2001年

陳寅恪　《唐代政治史述論稿》　北京市　生活・讀書・新知三聯書店　2001年

凍國棟　《唐代的商品經濟與經營管理》　武漢市　武漢大學出版社　1990年

成一農　《古代城市形態研究方法新探》　北京市　社會科學文獻出版社　2009年

杜文玉、于汝波　《唐代軍事史》下冊　《中國軍事通史》第十卷　北京市　中國軍事科學出版社　1998年

杜文玉　《五代十國制度研究》　北京市　人民出版社　2006年

樊文禮　《唐末五代的代北集團》　北京市　中國文聯出版社　2000年

方積六　《黃巢起義考》　北京市　中國社會科學出版社　1983年

方積六　《五代十國軍事史》　《中國軍事通史》第11卷　北京市　軍事科學出版社　1998年

葛劍雄主編，凍國棟著　《中國人口史》第2卷　《隋唐五代時期》　上海市　復旦大學出版社　2002年

郭正忠　《三至十四世紀中國的權衡度量》　北京市　中國社會科學出版社　1993年
何勇強　《錢氏吳越國史論稿》　杭州市　浙江大學出版社　2002年
胡耀飛　《楊吳政權家族政治研究》　臺北市　花木蘭文化事業公司　2017年
黃寬重　《南宋軍政與文獻探索》　臺北市　新文豐出版公司　1990年
黃玫茵　《唐代江西地區開發研究》　臺北市　臺灣大學出版委員會　1996年
黃永年　《黃永年文史論文集》　北京市　中華書局　2015年
金玉國　《中國戰術史》　北京市　解放軍出版社　2003年
李樹桐　《唐史研究》　臺北市　臺灣商務印書館　1979年
李孝聰　《中國區域歷史地理》　北京市　北京大學出版社　2004年
李孝聰　《中國城市的歷史空間》　北京市　北京大學出版社　2015年
李則芬　《中外戰爭全史》　臺北市　黎明文化事業公司　1985年
劉浦江　《遼金史論》　瀋陽市　遼寧大學出版社　1999年
劉希為　《隋唐交通》　臺北市　新文豐出版公司　1992年
陸　揚　《清流文化與唐帝國》　北京市　北京大學出版社　2016年
榮新江　《中古中國與外來文明》　北京市　生活・讀書・新知三聯書店　2001年
榮新江　《歸義軍史研究──唐宋時代敦煌歷史考索》　上海市　上海古籍出版社　1996年
宋　杰　《中國古代戰爭的地理樞紐》　北京市　中國社會科學出版社　2009年
臺灣三軍大學主編　《中國歷代戰爭史》第10冊　北京市　中信出版社　2013年
譚其驤主編　《中國歷史地圖集》第5冊　北京市　中國地圖出版社　1982年

唐長孺　《山居存稿續編》　北京市　中華書局　2011年
陶懋炳　《五代史略》　北京市　人民出版社　1985年
王壽南　《唐代藩鎮與中央關係之研究》　臺北市　嘉新水泥公司文化基金會　1969年
王永興　《唐代後期軍事史略論稿》　北京市　北京大學出版社　2006年
王兆春　《中國科學技術史・軍事技術卷》　北京市　科學出版社　1998年
嚴耕望　《唐代交通圖考》　臺北市　歷史語言研究所　1985-1986年
楊　泓　《中國古兵器論叢（增訂本）》　北京市　文物出版社　1985年
曾瑞龍　《經略幽燕：宋遼戰爭軍事災難的戰略分析》　香港　中文大學出版社　2003年
張國剛　《唐代政治制度研究論集》　臺北市　文津出版社　1994年
張國剛　《唐代藩鎮研究（增訂版）》　北京市　中國人民大學出版社　2010年
張澤咸　《唐代工商業》　北京市　中國社會科學出版社　1995年
趙雨樂　《從宮廷到戰場：中國中古與近世諸考察》　香港　香港中華書局　2007年
鄭學檬　《五代十國史研究》　上海市　上海人民出版社　1991年
中國軍事史編寫組編　《中國歷代軍事工程》　北京市　解放軍出版社　2005年
中國軍事史編寫組編　《中國歷代軍事裝備》　北京市　解放軍出版社　2007年
中國社會科學院考古研究所、南京博物館、揚州市文物考古研究所編著　《揚州城：1987-1998年考古發掘報告》　北京市　文物出版社　2010年中國社會科學院考古研究所、南京博物館、揚州市文物考古研究所編著　《揚州城遺址考古發掘報告：1999-2013》　北京市　科學出版社　2015年

鍾少異　《中國古代軍事工程技術史（上古至五代）》　太原市　山西教育出版社　2008年

周　緯　《中國兵器史稿》　天津市　百花文藝出版社　2006年

鄒勁風　《南唐國史》　南京市　南京大學出版社　2000年

三　中文論文

陳樂保　〈試論弩在唐宋間的軍事地位變遷〉　《史學月刊》2013年第9期

陳樂保、楊倩麗　〈幽州之戰與五代初期的北方軍政格局〉　杜文玉主編　《唐史論叢》第28輯　西安市　三秦出版社　2019年

葛承雍　〈唐代「複壁」建築考〉　《文博》1997年第5期

關棨勻　〈晚唐五代時期城防戰探索——兼論五代後唐滅梁戰爭的致勝因素〉　《中華文史論叢》2017年第1期

郭紹林　〈唐代文人李筌的兵書《太白陰經》〉　《西安外國語學院學報》2002年第2期

湖北省荊州市博物館、湖北省荊州區博物館　〈荊州城南垣東端發掘報告〉　《考古學報》2001年第4期

胡耀飛　〈唐末五代虔州軍政史——割據政權邊州研究的個案考察〉　杜文玉主編　《唐史論叢》第20輯　西安市　三秦出版社　2015年

胡耀飛　〈黃齊政權立都長安時期的攻防戰研究（881-883）〉　李忠良、耿占軍主編　《長安歷史文化研究》第9輯　西安市　陝西人民出版社　2016年

吉　辰　〈隋唐時期的拋石機：形制、性能、實戰與傳播〉　杜文玉主編　《唐史論叢》第22輯　西安市　三秦出版社　2016年

賈亭立　〈「月城」考辨〉　《建築與文化》2010年第9期

賈亭立、陳薇　〈中國古代城牆的垛口牆形制演進軌跡〉　《東南大學學報》2012年第2期

賈豔紅　〈略論沙陀騎兵在鎮壓黃巢起義中的作用〉　《濟南大學學報》2001年第4期

藍永蔚　〈雲梯考略〉　《江漢考古》1984年第1期

李并成　〈古代城防設施——羊馬城考〉　《考古與文物》2002年第4期

李　明　〈後周與南唐淮南之戰述評〉　《江西社會科學》2001年第4期

李裕民　〈李光弼太原包圍戰〉　《城市研究》1994年第2期

李裕民　〈梁晉太原之戰〉　《城市研究》1994年第3期

李志庭　〈唐末杭州城垣界址之我見〉　《杭州大學學報》1996年第4期

梁太濟　〈朱全忠勢力發展的四個階段〉　收入唐史論叢編纂委員會編　《春史：卞麟錫教授還曆紀念唐史論叢》　漢城　1995年

劉浦江　〈遼朝國號考釋〉　《歷史研究》2001年第6期

魯西奇、馬劍　〈城牆內的城市？——中國古代治所城市形態的再認識〉　《中國社會經濟史研究》2009年第2期

羅　亮　〈後周建國前史：郭威家世仕宦考〉　杜文玉主編　《唐史論叢》第31輯　西安市　三秦出版社　2020年

馬得志　〈唐大明宮發掘簡報〉　《考古》1959年第6期

馬　劍　〈何以為城：唐宋時期川渝地區築城活動與城牆形態考察〉　《西南大學學報》2010年第6期

毛漢光　〈唐末五代政治社會之研究——魏博二百年史論〉　《歷史語言研究所集刊》第50本第2分　1979年

孟彥弘　〈唐前期的兵制與邊防〉　榮新江主編　《唐研究》第1卷　北京市　北京大學出版社　1995年

南京博物院　〈揚州古城1978年調查發掘簡報〉　《文物》1979年第9期

寧波市文物考古研究所　〈浙江寧波市唐宋子城遺址〉　《考古》2002年第3期

寧　可、閻守誠　〈唐末五代的山西〉　《晉陽學刊》1984年第5期

任愛軍　〈唐末五代的「山後八州」與「銀鞍契丹直」〉　《北方文物》2008年第2期

山根直生　〈唐朝軍政統治的終局與五代十國割據的開端〉　《浙江大學學報》2004年第3期

陝西省文物管理委員會　〈唐長安城地基初步探測〉　《考古學報》1958年第3期

史黨社、田靜　〈中國古代之「衝」小考——兼論漢景帝陽陵出土「攻城破門器」的命名〉　《考古與文物》第4期　2010年

宋石青　〈梁晉爭奪潞州的夾寨之戰〉　《晉東南師專學報》1999年第1期

宿　白　〈敦煌莫高窟中的「五臺山圖」〉　《文物參考資料》1951年第5期

宿　白　〈隋唐長安城與洛陽城〉　《考古》1978年第6期

宿　白　〈隋唐城址類型初探（提綱）〉　收入《紀念北京大學考古專業三十周年論文集》　北京市　文物出版社　1990年

孫　華　〈羊馬城與一字城〉　《考古與文物》2011年第1期

孫　機　〈床弩考略〉　《文物》1985年第5期

汪　籛　〈唐初之騎兵——唐室之掃蕩北方群雄與精騎之運用〉　唐長孺主編　《汪籛隋唐史論稿》　北京市　中國社會科學出版社　1981年

王效鋒　〈唐德宗「奉天保衛戰」述論〉　《乾陵文化研究》2010年

王育民　〈論唐末五代的牙兵〉　《北京師院學報》1987年第2期

王援朝　〈唐初甲騎具裝衰落與輕騎兵興起之原因〉　《歷史研究》第4期　1996年

王援朝　〈唐代兵法形成新探〉　《中國史研究》1996年第4期

伍伯常　〈中國戰爭史上的閃擊奇襲——以唐憲宗朝蔡州之戰為例〉《九州學林》第6卷第3期　2008年

伍伯常　〈論五代後梁末年的大梁之役〉　《九州學林》第28期　2011年

西村陽子　〈唐末五代代北地區沙陀集團內部構造再探討——以〈契苾通墓誌銘〉為中心〉　《文史》2005年第4輯

閆建飛　〈五代後期的政權嬗代：從「天子，兵強馬壯者當為之，寧有種耶」談起〉　杜文玉主編　《唐史論叢》第29輯　西安市　三秦出版社　2019年

曾意丹　〈洛陽發現隋唐城夾城城牆〉　《考古》1983年第11期

張劍光、鄒國慰　〈城牆修築與隋唐五代江南城市的發展〉　《文史哲》2015年第5期

張躍飛　〈唐五代時期的江陵城〉　《南都學壇》2010年第2期

趙雨樂　〈唐玄宗政權與夾城複道〉　《陝西師範大學學報》2004年第1期

趙雨樂　〈唐末五代的城池戰爭：論黃巢到朱全忠的戰略得失〉　麥勁生主編　《中國史上的著名戰役》　香港　天地圖書有限公司　2012年

中國社會科學院考古研究所揚州城考古隊、南京博物院揚州城考古隊、揚州市文化局揚州城考古隊　〈揚州宋大城西門發掘報告〉　《考古學報》1999年第4期

四　學位論文

梁偉基　《平定安史之亂：唐與燕（755-763 A.D.）在政治與軍事領域的戰略互動》　香港中文大學碩士學位論文　2002年

王效鋒　《唐代中期戰爭問題研究》　陝西師範大學博士學位論文　2012年

Kwan Kai Wan. “Siege warfare in China during the Five Dynasties period (907-959).” MPhil. Thesis, The Hong Kong University of Science and Technology, 2013.

五　日文論著

愛宕元　《唐代地域社会史研究》　京都市　同朋舍　1997年

岡崎精郎　〈後唐の明宗と舊習〉　《東洋史研究》第9巻第4号　1945年及第10巻第2号　1948年

堀敏一　《唐末五代変革期の政治と経済》　東京市　汲古書院　2002年

日野開三郎　《唐代堰埭草市の発達》　《東方学》第33輯　1967年

日野開三郎　《日野開三郎東洋史学論集》第13巻　《農村と都市》　東京市　三一書房　1993年

佐竹靖彦　《朱温集團の特性と後梁王朝の形成》　收入《中國近世社會文化史論集》　臺北市　歷史語言研究所　1992年

六　西文論著

Chang Sen-dou. "The Morphology of Walled Capitals." In *The City in Late Imperial China*, ed. G. William Skinner. Stanford, California: Stanford University Press, 1977, pp. 83-87.

Graff, David A. *Medieval Chinese Warfare, 300-900*. London and New York: Routledge, 2002.

Needham, Joseph and Robin D. S. Yates.*Science and Civilization in China*, vol. 5: *Chemistry and Chemical Technology*, pt. 6: *Military Technology: Missiles and Sieges*. Cambridge: Cambridge University Press, 1994.

Peterson, Charles A. "Regional Defense Against the Central Power: The Huai-hsi Campaign, 815-817." In *Chinese Ways in Warfare*, ed. Frank A. Kierman, Jr. and John K. Fairbank. Cambridge, Mass.: Harvard University Press, 1974, pp.123-150.

Skaff, Jonathan Karam. "Straddling Steppe and Sown: Tang China's Relations with the Nomads of Inner Asia (640-756)."Ph.D diss., The University of Michigan, 1998, pp.218-242.

Wallacker, Benjamin E. "Studies in medieval Chinese siegecraft: the siege of Fengtian, AD 783." In *Warfare in China to 1600*, edited by Peter Lorge, 329-337. England: Ashgate, 2005.

後記

這本不成熟的小書是在我碩士論文“Siege warfare in China during the Five Dynasties period (907-959)”的基礎上改寫而成。本書得以順利付梓，首先要多謝曾經悉心指導我的諸位師長。憶想二〇〇八年，我在本科課堂上聆聽著自己的本科論文導師兼課堂老師戴仁柱教授（Richard L. Davis），把五代一段段既淒美又血腥的故事娓娓道來。儘管我當時的志趣並非中國古代史，但對於戴老師當年在課堂上剖析歐陽脩《新五代史》的情景，迄今仍然記憶猶新。

二〇〇九年從香港嶺南大學本科畢業後，我進入香港科技大學展開研究生的生涯。在科大的校園內，我認識了劉光臨教授。在劉師的指導下，不僅得以唐末五代十國時期的戰爭為題撰寫碩士論文，並瞭解到國內外中外戰爭史的研究情況。他對中國中古歷史的不少判斷，讓我為之折服。可以說，如果沒有劉師的指導和點撥，恐怕難以此題目撰寫碩士論文，更不會萌生出版的念頭。

二〇一三年碩士畢業後，我在北京大學跟隨陸揚教授攻讀博士，得以在燕園感受濃厚的學術氛圍和得到師友們的鞭策。陸師學貫中西，對唐後期中央政治和藩鎮發展的分析尤為獨到。在陸師的指導下，我不僅注意到中外學者對唐五代歷史發展的爭論情況，也意識到唐末五代時期是唐宋之間的關鍵階段。同時，我在燕園裡也親歷百家爭鳴之精彩，從各北大老師的言傳身教，瞭解到自己的渺小以及史學研究之浩瀚。博士畢業後進入北京師範大學，開始從事博士後研究工作。在導師寧欣教授的指導下，我意識到唐五代經濟和城市發展等領域依然存在不少研究空間。正是寧師的鼓勵和督促下，讓我感到依然需要艱苦的學習和工作。此外，在史學研究中心一起工作的同仁，也是鼓勵我繼續工作的動力。

可以說，倘若沒有各位師友的幫助，以我這樣懶散的性格，這本小書恐怕是難以完成和出版的。

最後，在本書的完成階段，不僅要感謝萬卷樓編輯們的耐心和辛勞工作，也當然要感激父母家人和朋友。如果沒有他們的關懷和理解，我就難以堅持在學術路上前行。

2021年7月謹識於珠海文華苑

史學研究叢書·歷史文化叢刊 0602020

唐末五代十國時期的城市攻防戰

作　　者　關棨勻
責任編輯　官欣安
特約校稿　林秋芬

發 行 人　林慶彰
總 經 理　梁錦興
總 編 輯　張晏瑞
編 輯 所　萬卷樓圖書股份有限公司
臺北市羅斯福路二段 41 號 6 樓之 3
電話 (02)23216565
傳真 (02)23218698

發　　行　萬卷樓圖書股份有限公司
臺北市羅斯福路二段 41 號 6 樓之 3
電話 (02)23216565
傳真 (02)23218698
電郵 SERVICE@WANJUAN.COM.TW
香港經銷　香港聯合書刊物流有限公司
電話 (852)21502100
傳真 (852)23560735

ISBN　978-986-478-490-5
2021 年 9 月初版
定價：新臺幣 280 元

如何購買本書：
1. 劃撥購書，請透過以下郵政劃撥帳號：
帳號：15624015
戶名：萬卷樓圖書股份有限公司
2. 轉帳購書，請透過以下帳戶
合作金庫銀行 古亭分行
戶名：萬卷樓圖書股份有限公司
帳號：0877717092596
3. 網路購書，請透過萬卷樓網站
網址 WWW.WANJUAN.COM.TW
大量購書，請直接聯繫我們，將有專人為您服務。客服：(02)23216565 分機 610

如有缺頁、破損或裝訂錯誤，請寄回更換

國家圖書館出版品預行編目資料

唐末五代十國時期的城市攻防戰/關棨勻著. -- 初版. -- 臺北市 : 萬卷樓圖書股份有限公司, 2021.09
面 ;　公分. -- (史學研究叢書. 歷史文化叢刊 ; 602020)
ISBN 978-986-478-490-5(平裝)
1.軍事史 2.唐史 3.五代史

590.92　　110011679